Sven Gehrmann

DIE MEERESFAUNA VON NORDDEICH(Ostfriesland)

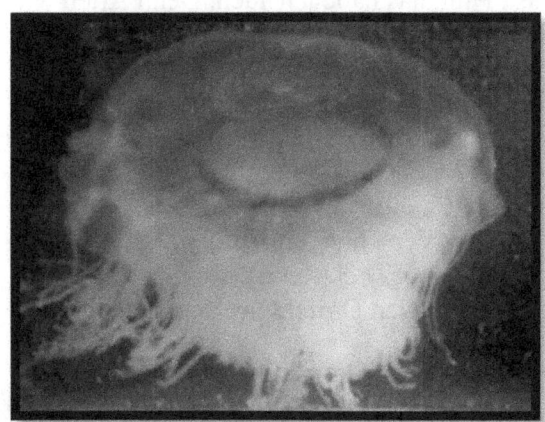
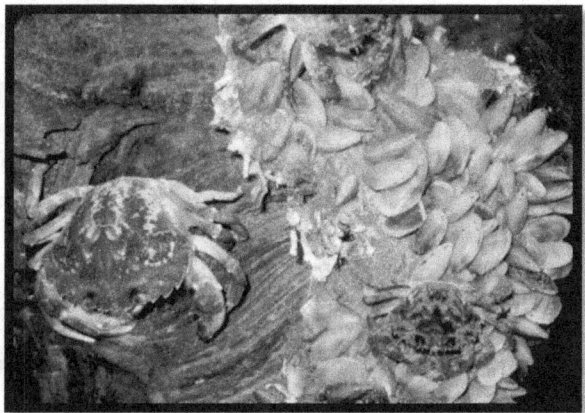

LOBBY FOR OUR RECENT NA✝URE

Vorwort des Autors

Ich widme dieses Buch der Sache der Meerestiere, die man zurzeit (noch) im Gebiet der Küste von Norddeich antreffen kann. Jedoch enthält dieses Werk keinen vollständigen Katalog aller hier vorkommenden Arten, da der Artenbestand nicht als statisches Gebilde gesehen und verstanden werden kann. Abhängig von Meeresströmungen, Jahreszeiten, schwankenden Salzgehalten, Temperaturen und Emissionen des Menschen ist das ökologische Gesamtgefüge in diesem kleinen Gebiet einem ständigen Wechsel unterworfen. Ich habe daher versucht, die wichtigsten Arten und ihre jeweilige Bedeutung für das Wattenmeer des norddeicher Areals in Kurzform vorzustellen. Dabei mag der eine oder andere geneigte Leser gerne einwenden, dass er vielleicht diese oder jene Art, die man anderweitig häufig im Watt antrifft, vermisst. Nun, das habe ich auch. Denn Arten wie etwa die sonst überall häufige Ohrenqualle, Seesterne oder Herzigel ließen sich in den letzten vier Jahren beim besten Willen nicht oder nur sehr selten von mir fangen oder sichten. Ob diese Beobachtungen bereits wissenschaftliche Relevanz haben, kann ich leider nicht beweisen oder behaupten. Dafür kann ich mit Sicherheit sagen, was ich vorfand. Und das ist erschreckend wenig, wenn man diesen Bestand mit dem der vorgelagerten Inseln vergleicht. Und erstaunlich viel, wenn man bedenkt, wie stark die Nordsee seit vielen Jahrzehnten mit industriellen Abwässern, Überfischungs- und Raubbauproblematiken, Klimaerwärmung, Verschlickung infolge Landgewinnungsmaßnahmen, Plastikmüll und anderen Dingen mehr belastet ist. Da muss man sich manchmal schon wundern, dass in diesem von allen Seiten belasteten Umfeld überhaupt noch Tiere und Pflanzen existieren können.

Doch noch eine weitere Sache erscheint mir bedenkenswert: Da werden für die angeblich saubere Energiegewinnung aus Windkraft „Offshore"- Windkraftanlagen aus dem (Watt-) Boden gestampft, die nicht nur den Prospekt der Nordsee immer mehr entstellen, sondern die auch gleichzeitig mit ihren riesigen Rotoren zur Gefahr für Seevögel und durch den von ihnen produzierten Infraschall zu einer Bedrohung für Meeressäuger werden. Da bleibt das grüne Gewissen des Stromverbrauchers in jedem Fall auf der Strecke, wenn man sich näher mit den Hintergründen beschäftigt. Ist eine friedliche Synthese von Mensch und Natur noch möglich? Oder täuschen wir uns nicht alle selbst? Dieses Buch soll daher dazu beitragen, Verständnis und Bewusstsein für unsere Mitgeschöpfe zu entwickeln, damit wir zu einem anderen Umgang mit der Natur zurückfinden können.

Sven Gehrmann, im Herbst 2018.

Manchmal läuft bei Flut die untere Kaimauer des Fährhafens über... Ein erstes Anzeichen für ein Ansteigen des Meeresspiegels?

Ob wohl die von Norddeich aus sichtbare Insel Norderney nach einem Anstieg des Meeresspiegels noch lange bewohnbar sein wird?

INHALTSVERZEICHNIS

Habitate in der Nordsee	6
Salzwiesenzone	8
Lebendiges Watt	10
Algen- und Seegraszone	12
Algen in Norddeich	14
Badestrand	19
Kulturfolger und Neozooen im Lebensraum Hafen	20
Die Bewohner des Sandgrundes	22
Muschelbank	24
Infraklasse *Cirripedia* – Rankenfüßer	26
Brackwasserseepocke	27
Sternseepocke	28
Australische Seepocke	29
Gekerbte Seepocke	30
Ordnung *Amphipoda* – Flohkrebse	31
Flohkrebs	32
Schlickkrebs	33
Quallenflohkrebs	34
Ordnung *Isopoda* – Asseln	35
Baltische Klippenassel	36
Infraordnung *Caridea* – Garnelen	37
Sandgarnele	38
Brackwassergarnele	40
Kleine Felsengarnele	41
Braune Felsengarnele	42
Prozessa-Garnele	43
Ordnung *Mysida* – Schwebegarnelen	44
Gebogene Schwebegarnele	45
Infraordnung *Brachyura* – Krabben	46
Strandkrabbe	47
Mittelmeer-Strandkrabbe	50
Pazifische Uferkrabbe	51
Wollhandkrabbe	53
Japanische Uferkrabbe	55
Infraordnung *Anomura* – Mittelkrebse	56
Gemeiner Einsiedlerkrebs	57
Stamm *Annelida* – Ringelwürmer	59
Schillernder Seeringelwurm	61
Wattwurm	63
Klasse *Gastropoda* – Schnecken	65
Wellhornschnecke	67
Pantoffelschnecke	69
Strandschnecke	71
Wattschnecke	72
Klasse *Polyplacophora* – Käferschnecken	73
Käferschnecke	73

Klasse *Bivalvia* – Muscheln	74
Französische Miesmuschel	76
Miesmuschel	77
Pazifische Riesenauster	79
Sandklaffmuschel	81
Amerikanische Bohrmuschel	82
Strahlenkörbchen	84
Ottermuschel	85
Pfahlwurm	86
Bestimmungstafeln zum Muschelsammeln	87
Klasse *Hydrozoa* – Hydroidpolypen	95
Zypressenmoos	97
Sars'Würfelqualle	98
Klasse *Scyphozoa* – Schirmquallen	99
Kompaßqualle	100
Ohrenqualle	102
Blaue Haarqualle	105
Wurzelmundqualle	106
Gelbe Haarqualle	108
Ordnung *Actinaria* – Seeanemonen	109
Seenelke	110
Wellenbrecheranemone	112
Stamm *Ctenophora* – Rippenquallen	113
Seestachelbeere	113
See-Walnuss	114
Unterstamm *Tunicata* – Manteltiere	115
Faltenascidie	116
Manhattenseescheide	118
Sternseescheide	120
Klasse *Elasmobranchii* – Plattenkiemer	121
Kleingefleckter Katzenhai	123
Hundshai	126
Klasse *Actinopterygii* – Strahlenflosser	127
Fünfbärtelige Seequappe	129
Hering	130
Aal	132
Seeskorpion	134
Butterfisch	136
Dicklippige Meeräsche	138
Kleiner Sandaal	140
Kleine Seenadel	141
Dreistacheliger Stichling	142
Wolfsbarsch	144
Sandgrundel	145
Schlammgrundel	146
Seezunge	147
Scholle	148
Aalmutter	150
Stint	152
Empfehlenswerte Einrichtungen	155

Habitate der Nordseetiere von Norddeich, oder: Lebensräume, in denen die Tiere zu finden sind

Um ein tiefes und echtes Verständnis für die Tiere der Nordsee zu gewinnen, die in Norddeich vorkommen, sollte man sich zunächst mit den Habitaten, in denen sie regelmäßig gefunden werden können, beschäftigen. Daher werden auf den nächsten Seiten einige Lebensräume dieses Ortes kurz porträtiert, damit man einen Eindruck von den Umständen und Naturgewalten erhält, die auf die Organismen einwirken. Dann beginnt man auch zu verstehen, weshalb bestimmte Lebewesen nur an bestimmten Plätzen und an anderen gar nicht oder nur in Ausnahmefällen vorkommen. Auch die Adaptionen an Umweltbedingungen und Feinde werden dann deutlich. Im ökologischen Gesamtgefüge der Nordsee übernehmen die Fische sehr verschiedene Rollen. Viele Fischarten sind für Vögel, andere Fische, Meeressäugetiere und auch den Menschen eine wichtige proteinreiche Nahrungsquelle, und ohne sie könnten manche Naturphänomene gar nicht richtig ablaufen, wie etwa der alljährliche Vogelzug. Insbesondere die im Watt vorkommenden Fischarten tolerieren auch geringe und schwankende Salzgehalte und Temperaturen. Leider sind die meisten Lebensräume der Nordsee durch die zahlreichen Einflüsse des Menschen bedroht, und zum gegenwärtigen Zeitpunkt kann hier keine Entwarnung gegeben werden. Da wollen Wirtschaftskonzerne mitten im Nationalpark nach Öl bohren, Chemiekonzerne verklappen teilweise illegal Dünnsäuren oder verbrennen auf See hochtoxische Chemieabfälle, und nach wie vor ist die Reling Seemanns liebster Mülleimer. Offizielle Schätzungen gehen davon aus, dass auf einem Quadratkilometer Wattfläche etwa eine Tonne sichtbaren Mülls menschlichen Ursprungs zu finden sind. Auf einem internen Papier hat die Regierung der Bundesrepublik Deutschland im Frühjahr 2010 eingestanden, dass der Schutz des Meeres offensichtlich gescheitert ist, da sich vor allem die Schifffahrt nicht an die bestehenden Umweltgesetze hält… Die Abfälle haben oft verheerende Folgen für die Bewohner des Meeres, da sie sich häufig nicht schnell abbauen lassen und ganze Regionen durch die folgende Verseuchung unbewohnbar machen. Dazu kommen noch versenkte Munitionsbestände aus dem Ersten und dem Zweiten Weltkrieg, sowie eine rapide Klimaerwärmung, die für manche Meeresorganismen dramatische Auswirkungen haben kann. So hat die Biologische Anstalt auf Helgoland seit dem Beginn ihrer Aufzeichnungen vor mehr als hundert Jahren eine Erwärmung des Nordseewassers um mindestens 2°Celsius dokumentiert. Im Spätherbst 2014 wurde es sogar publik, dass die Oberflächentemperatur des Nordseewassers in der Deutschen Bucht im November sogar 2,1° Celsius über dem langjährigen Durchschnitt lag(Quelle: NDR1). Dabei lag die Temperatur insgesamt bei ca. 11° Celsius. Immer noch zu warm für den Dorsch… War 2016 schon ein sehr warmes Jahr gewesen, so wurde dieses vom Dürre- und Hitzesommer 2018 bei weitem übertroffen. An der Küste von April bis September kaum nennenswerte Niederschläge, Hitze wie in einem Backofen. Sonst grüne Wiesen und Deiche sahen plötzlich braun und vertrocknet aus, und sogar von der Internationalen Raumstation ISS aus konnte man die Dürreschäden in ganz Deutschland sehen. Eigentlich konnte sich unser Land bisher über Regenmangel kaum beklagen, doch nun waren sogar die großen Wasserstraßen der Flüsse kaum noch schiffbar… Wassertemperaturen 2018: 25° in der Ostsee, 22° in der südlichen Nordsee, 28°(!) an Stellen des Rheins… Was zur nachweislichen Absenz sonst häufiger Beifänge unserer Fischer führte… Das sind Fakten, vor denen man die Augen nicht mehr verschließen kann. Deshalb sollte der Schutz des Klimas zum Tagesordnungspunkt Nr. 1 aller politischen Bemühungen gemacht werden. Darüber hinaus sollte aber auch jeder einzelne darüber nachdenken, ob und wie er durch die Änderung des persönlichen Konsumverhaltens etwas daran ändern kann.

Seesterne und Einsiedler sucht man in Norddeich leider meist vergebens...

Salzwiesenzone

Dieser Lebensraum besteht im Wesentlichen aus Flächen, die dem Deich vorgelagert sind und daher starken anthropogenen Einflüssen unterliegen. Diese bestehen in landwirtschaftlicher Nutzung der Flächen sowie in der Regulierung der Entwässerung durch kleine Gräben und Priele. Hier finden sich sowohl die typischen Halophyten der Salzwiesen, wie auch eingeschleppte Arten wie etwa das englische Schlickgras. In den Gräben und Wasserlöchern kann man hier Flohkrebse, Schnecken, Garnelen, Strandkrabben und manchmal auch Kleinfische oder Fischbruten entdecken. Dieser Lebensraum ist insbesondere für viele Vogelarten von entscheidender Bedeutung, da sie hier in der Brutzeit ihre Jungen aufziehen und außerdem dem Nahrungserwerb im Flachwasser der Priele und Wasserlöcher nachgehen. In Norddeich findet man diese Areale nordöstlich vom Hafen sowie im Ortsteil Westermarsch(siehe Abbildung oben), wenn man dem Hauptdeich südwestlich Richtung Leybuchtsiel folgt. Außerdem befinden sich weitere Areale zwischen Norddeich und Westermarsch, jedoch sind diese weniger Salzwiese denn schlickiges Watt, auf dem man jedoch den Queller, eine typische einjährige Salzpflanze, in großer Anzahl finden kann. Diese Pflanze ist essbar und wird unter ihrem lateinischen Gattungsnamen *Salicornium* manchmal sogar im Lebensmittelhandel angeboten. Bei der Begehung dieser Flächen sollte man sich in jedem Fall an die begehbaren Wege halten und die ausgewiesenen Schutzzonen beachten, damit man keine Vögel beim Brüten stört oder in Konflikt mit den Verordnungen des Nationalparkgesetzes kommt. Auch sollte man sich tunlichst vor den schlickreichen Untergründen hüten, denn hier kann man unter Umständen mehr als knietief im Matsch feststecken. Insbesondere auf Kinder muss man hier immer ein sehr wachsames Auge haben.

Die Salzwiesen neben dem norddeicher Fischereihafen werden von unzähligen Seevögeln frequentiert.

Lebendiges Watt

Eine juvenile Strandkrabbe bei Ebbe im Schlick.

Auch auf den schlickigsten Wattflächen findet sich vielfältiges Leben - von der kleinen Wattschnecke bis hin zu Wattwürmern, Schlickkrebsen, diversen Muscheln, Krebsen, Garnelen und Jungfischen. Dieser extreme Lebensraum ist stärksten Schwankungen unterworfen. In Norddeich haben wir es im Wesentlichen mit zwei Typen von Watt zu tun: Der erstere ist ein Sandwatt, welches man problemlos begehen kann, ohne bei der Begehung allzu tief in den Boden einzusinken. Der zweite Typ ist ein Schlickwatt, welches aus Ton- und Mutterbodensedimenten besteht. Dieses Schlickwatt dominiert leider große Teile der Fläche, insbesondere am Bade- und Hundestrand. Diese Form des Watts ist nicht natürlichen, sondern anthropogenen Ursprungs und stellt daher einen erheblichen Eingriff in das eigentliche ökologische Gefüge im Watt dar. Dieser Umstand sorgt übrigens auch dafür, dass sowohl der norddeicher Strand als auch der norddeicher Hafen von zahlreichen Tier- und Pflanzenarten gemieden werden, die man anderenorts sehr häufig antreffen kann. Selbst manche Neozooen meiden Areale, die mit diesem Schlamm kontaminiert sind. Schöpft man bei Flut einen Eimer Seewasser am Badestrand von Norddeich, so begreift man sehr schnell, worum es hierbei geht. Denn das frisch geschöpfte Nordseewasser ist hier zunächst völlig trübe, und es kann ein bis zwei Tage dauern, bis der im Wasser gelöste Feinschlick sich am Boden des Eimers sedimentiert hat. Diese feinen Partikel sind es auch, die viele Meeresorganismen derart stören, dass sie dem Norddeicher Areal ganz fernbleiben. Allerdings soll nicht unerwähnt bleiben, dass es auch Profiteure gibt, denen der Schlamm nicht das Geringste ausmacht. Wie etwa bestimmte Krebse, Würmer und Muschelarten.

Folgende Faktoren beeinflussen die Wattbewohner im Wesentlichen:

- Ebbe und Flut sorgen zweimal täglich abwechselnd für Trockenheit und Strömung, wobei es aufgrund von bestimmten Sonne-Mond-Wind-Konstellationen sowohl zu sehr niedrigen Tiden(Nipptide) oder auch sehr hohen Wasserständen(Springtide) kommen kann.
- Die Jahreszeiten sorgen für unterschiedlichste Temperaturen, wobei sich die Extreme zwischen Eisschollen im Winter und sehr großer Hitze in den Gezeitentümpeln im Sommer bewegen, wo die Sonne die Wassertemperaturen auf mehr als 30° Celsius aufheizen kann.
- Starke Niederschläge können erhebliche Schwankungen der Salzdichte in den Prielen und Ebbetümpeln verursachen.
- Der Wind kann erhebliche Mengen von Sand in sehr kurzer Zeit verdriften, so dass ständig neue Sandbänke und Inseln entstehen, und andere im Meer versinken.
- Es herrschen ein hoher Feinddruck und eine hohe Individuendichte verschiedenster Arten.

Die pflanzliche Nahrungsgrundlage für den Reichtum an Garnelen, Fischen und anderen Kleintieren bilden dabei winzige Kieselalgen oder auch Diatomeen, die das Watt als gigantisches Produktionsfeld nutzen. Diese bewirken auch, dass die Wattflächen meistens etwas bräunlich aussehen. Der Wattboden besteht aus 3 verschiedenen Schichtungen:

- Die oberste Schicht bis etwa 5cm Tiefe kann man als oxische Schichtung beschreiben, in der ein relativ hoher Sauerstoffgehalt herrscht, so dass auf oder in dieser Schicht quantitativ die meisten Tiere zu finden sind.
- Daran schließt sich eine suboxische Schicht an, die etwa von 5cm - 15cm Tiefe verläuft. In dieser Schicht leben noch einige Würmer und Muscheln, die mit weniger Sauerstoff auskommen können, oder die dazu in der Lage sind, den benötigten Sauerstoff durch lange Verbindungsgänge zur Oberfläche oder durch lange Siphonen von oben zu holen.
- Darunter verläuft dann eine meistens blauschwarz gefärbte anoxische Schicht, in der zahlreiche anaerobe Bakterien leben, welche die Stoffwechselabbauprodukte anderer Organismen verwerten. Insbesondere diese Schicht wirkt letztlich wie eine gigantische natürliche Kläranlage.

Da das Watt biologisch hoch produktiv ist und sehr viel Biomasse produziert, wird es auch von zahlreichen See- und Zugvögeln frequentiert, die hier einen überreich gedeckten Tisch vorfinden.

Algen- und Seegraszone

Typischer norddeicher Knorpeltang an der Uferbefestigung des Badestrandes.

Besonders im Frühsommer und Hochsommer kann sich der Meersalat massenhaft vermehren, da dann die Wachstumszeit dank des täglich zunehmenden Sonnenlichtes am längsten ist.

Dieses Habitat überschneidet sich mit dem Watt und unterscheidet sich von den schlickigen und mit Diatomeenrasen bewachsenen Wattflächen dadurch, dass man hier sich verdichtende Bestände von höheren Meeresalgen und Seegras finden kann. Jahreszeitlich bedingt kann aus dem Watt eine Algenzone werden und umgekehrt. Somit kann man diesen Abschnitt auch als einen temporären Lebensraum betrachten.

Der Mensch übt hier auf das Entstehen von Algenansammlungen durch die Einleitung von Phosphaten und anderen Düngern ins Meer einen direkten Einfluss aus. Insbesondere solche schnell wachsenden Algen wie der Meersalat *Ulva lactuta* unterliegen diesem Einfluss. Algen bieten im Flachwasserbereich zahlreichen Tieren Deckungsmöglichkeiten gegen die vielen gefiederten Beutegreifer aus der Luft, doch dienen sie nur sehr wenigen Fischarten der Nordsee als Nahrung. Saisonal verschieden kann man hier die verschiedensten Tiere auffinden:

- Im Frühjahr und Sommer beispielsweise die Jungtiere der Fünfbärteligen Seequappe *Ciliata mustela*.
- Von Frühjahr bis Herbst die adulten und juvenilen Tiere von der Kleinen Seenadel, *Syngnathus rostellatus* und dem Dreistacheligen Stichling *Gasterosteus aculeatus*.
- Darüber hinaus findet man hier verschiedene Meeresasseln, Flohkrebse, Garnelen, Schnecken und diverse sonstige Jungfische.

Im Flachwasser finden sich manchmal auch vereinzelte Restbestände des kleinen Seegrases *Zostera nana*. Diese Pflanze ist keine Alge, sondern eine Blütenpflanze, die es geschafft hat, sich einen marinen Lebensraum zu erschließen. In früheren Zeiten gab es sehr große Zosterabestände an der deutschen Nordseeküste. Damals wurde das getrocknete Seegras als Füllmaterial für Betten genutzt. Heutzutage sind die Seegraswiesen enorm zurückgegangen, was auf verschiedene Faktoren zurückzuführen ist. An das Habitat einer Seegraswiese sind vor allem Tiere wie Seestichlinge, Seenadeln und Seepferdchen perfekt angepasst, da diese Arten mit ihrer Färbung und ihrer schaukelnden Bewegungsweise die sich in der Dünung wiegenden Seegrashalme perfekt nachbilden.

Je nach Untergrund findet man unterhalb der Gezeitenlinie diverse Arten von Seetangen in der Nordsee, die zum einen zahlreichen Tierarten Siedlungsflächen, zum anderen auch Nahrung anbieten. Diese Zone, die nicht mehr bei Ebbe trocken fällt, wird allgemein auch als Sublitoral bezeichnet. Die Flächen, die von Algen besiedelt werden können, werden jedoch durch die Wassertiefe begrenzt, da das Licht in größeren Tiefen nur in so geringen Mengen vorhanden ist, dass dort keine Pflanzen mehr wachsen und Photosynthese betreiben können. Die meisten Rotalgen kommen mit sehr wenig Licht aus und sind deshalb auch in größeren Tiefen als Braun- oder Grünalgen vertreten. Deshalb sind Rotalgen meistens auch die besseren Algen für Aquarien, wo sie häufig sehr gut weiter wachsen können, und sich - im Gegensatz zu Seetangen und Laminarien - hervorragend kultivieren lassen. Die Meeresalgen, die man im Spülsaum finden kann, geben einem eine gewisse Auskunft darüber, womit der sublitorale Boden bewachsen ist, und ob hier ein Hart- oder ein Weichbodenhabitat vorliegt. Die meisten Tange sind in Aquarien nicht dauerhaft haltbar. Schauaquarien behelfen sich daher entweder mit künstlichen Pflanzen, oder sie entnehmen der Natur echte Tange, die sie allerdings nach einigen Wochen erneuern müssen.

Auffällig am Standort Norddeich ist es, dass hier zwar an den Buhnen und im Watt regelmäßig recht viele Algen und Tange aufzufinden sind, dafür aber nur aus sehr wenigen Arten.

Algen in Norddeich

Nachstehend seien einige Algenarten aufgeführt, die man typischerweise in Norddeich findet. Die meisten davon wachsen an den Steinen und Befestigungen des Ufers, sowie an der Hafenmole. Im Winter reduzieren sie ihr Wachstum oder sterben sogar vollständig ab, um sich dann im Frühjahr erneut aus Sporen zu entwickeln, die sie vor ihrem Ableben ins Meerwasser abgaben. Algen dienen Jungfischen und Krebsen als wichtiger Schutzraum, in dem sie sich vor Räubern verstecken können. Treibende Arten wie der **Beerentang *Sargassum muticum*** werden nur saisonal angespült, leben aber nicht stationär in Norddeich. Leider sind Seetange grundsätzlich nicht für längere Zeiträume im Aquarium haltbar. Dieses dürfte daran liegen, dass gewisse Spurenelemente und Spektralanteile des Sonnenlichtes nur schwer künstlich zu simulieren sind. Allerdings gibt es auch hier bereits Fortschritte und es gibt sogar Meerwasseraquarianer, die hier Erfolge vorweisen können. So ist es beispielsweise gelungen, Seetange bei Reduzierung des Lichtes entsprechend der natürlichen Lichtphasen dazu zu bringen, sich per Sporen auszusäen und diese Sporen im dann folgenden Frühjahr zum Wachsen zu bringen. Auch gibt es einige wenige Enthusiasten, die sich im Frühjahr lebende Austern mit Bewuchs aus dem Lebensmittelhandel besorgen, und dann diesen Aufwuchs zur vollen Entfaltung zu bringen. Dabei können außer Meeresalgen manchmal auch Seescheiden und andere Wirbellose prächtig gedeihen, sofern sie den Transport und die Eingewöhnung in die Aquarienbedingungen unbeschadet überstanden haben. Auf Helgoland gibt es übrigens seit einigen Jahren eine spezielle Algenfarm, wo verschiedene Algenarten für pharmazeutische und auch für kulinarische Zwecke gezüchtet werden. Und auf Sylt werden sogar Würstchen aus Seetangen hergestellt, die recht aromatisch sein sollen. Das alles erstaunt einen nicht mehr, wenn man weiß, dass etwa die Bewohner der Südsee und auch die Japaner Algenkost sehr zu schätzen wissen. Diese ist proteinreich und gesund und wird dort seit hunderten von Jahren genutzt. Eine sehr gesunde Alternative zu Massenviehhaltung und Agrarwahnsinn, sponsert by EU. Hier ist Deutschland leider noch ein echtes Entwicklungsland!

Das Bild auf der gegenüberliegenden Seite rechts oben zeigt den für den norddeicher Badestrand typischen Bewuchs auf der Uferbefestigung während der Ebbe. In den höher gelegenen Bereichen findet man gewöhnlich Algen wie **Darmtang *Enteromorpha spp.*** (hier gibt es mehrere Arten mit verschiedenen Wuchsformen) sowie den **Meersalat *Ulva lactuta***. Etwas tiefer siedelt dann der allgegenwärtige **Blasentang *Fucus vesiculosus***. Diese Algen sind größten Extremen wie schwankenden Wasserständen, Hitze im Sommer, eisiger Kälte im Winter und schwankenden Salinitäten ausgesetzt. Beim Betreten dieser Befestigung muss man sehr vorsichtig sein, da man auf feuchten Meeresalgen sehr schnell ausrutschen kann.

Im darunter liegenden Watt kann man dann im Sommer über die eingeschleppte **Borstenalge *Gracilaria vermiculophylla*** stolpern, welche zu den **Rotalgen (*Rhodophyta*)** gehört. Wegen der schlammigen Substrate des norddeicher Watts gedeiht diese Art hier besonders gut. Hier findet man dann auch je nach Jahreszeit den grünen **Meersalat (*Ulva lactuta*)**. Dieser vermehrt sich besonders gut bei Nährstoffeinträgen auf das Watt via Landwirtschaft, welche Düngemittel einsetzt, die über den Umweg der großen und kleinen Flüsse den Weg ins Meer finden. Meersalat ist übrigens sogar essbar, aber in Deutschland bisher noch nicht als Nahrungsmittel zugelassen. Probieren Sie mal ein wenig davon – das darin enthaltene Jod kann man förmlich riechen und schmecken!

Supralitoral am Badestrand von Norddeich mit dem typischen Bewuchs.

Sägetang *Fucus serratus* **im gekühlten Meerwasseraquarium.**

Meersalat, *Ulva lactuta*. **Diese Alge ist weltweit verbreitet - ein echter Kosmopolit!**

Gefiederte Büschelalge, *Sphacelaria plumosa*. **Meist an Schwimmpontons.**

Knotentang *Ascophyllum nodosum*. **Auf Steinen an der Hafenmole; auch an Buhnen.**

Blasentang *Fucus vesiculosus*. **Besiedelt große Flächen an Uferbefestigungen.**

Borstenhaaralge, *Gracilaria vermiculophylla*. **Gelegentlich in Prielen. Eine eingeschleppte Art aus Fernost.**

Beerentang, *Sargassum muticum.* **Wird nur saisonal angespült. Ursprung dieser Art war der nördliche Pazifik. Inzwischen weltweit verbreitet durch Schiffahrt.**

Badestrand

Direkt hinter dem aufgeschütteten Norddeicher Strand beginnt das Habitat des Badestrandes, welches insbesondere im Sommer von den meisten Touristen frequentiert wird. Bei Flut werden zahlreiche Fische und Krebse in die unmittelbare Küstennähe gespült, bei Ebbe weichen die meisten Arten mit dem ablaufenden Wasser in die Priele und in tiefer gelegene Areale zurück. Je nachdem, welche Tide gerade die Oberhand hat, finden sich hier die meisten der in diesem Buch vorgestellten Tierarten. Bei Ebbe kann man fast trockenen, aber leider nicht schlammfreien Fußes zu einem großen Hauptpriel gelangen, der in etwa fünfzig Metern Entfernung parallel zum Ufer das Watt Richtung Meer entwässert. Hier kann man auch bei Ebbe zahlreiche Tiere und Muscheln auffinden, die sich mit einem Rahmenkescher leicht einfangen lassen. Auch Sandgarnelen in essbarer Größe kann man aus diesem Priel gewinnen, doch ist das Aussortieren von Exemplaren geeigneter Größe ein mühseliges Unterfangen. Typische Bewohner dieses Prieles sind Sandklaffmuscheln, Pfeffermuscheln, Strandkrabben, Sandgrundeln, Herzmuscheln, Sandgarnelen und die allgegenwärtigen kleinen Rippenquallen. Sich in den Badepausen während der Ebbe mit diesen Tieren zu beschäftigen, kann viel Freude machen. Doch muss man sich danach am Ufer gründlich vom allgegenwärtigen feinen Schlamm reinigen, wofür es zum Glück einige Duscheinrichtungen gibt. Man sollte jedoch beachten, dass sich gerade im Sommer das Wasser in einem kleinen Eimer sehr schnell aufheizt, weshalb man in solchen Behältern selbst kleine Seetiere nicht in Unmengen und schon gar nicht in der prallen Sonne lange am Leben erhalten kann. Denn der Sauerstoffgehalt sinkt rapide! Krebstiere wie die Strandkrabbe kann man dagegen auch feucht und ohne Wasser, am besten auf ein paar Algenblättern, lange für die Kinder lebend hältern.

Kulturfolger und Neozooen im Lebensraum Hafen

Im Mai und Juni kann man juvenile Butterfische an den Spundwänden des Hafens von Norddeich auffinden. Sie halten sich besonders gerne zwischen den rotbraunen feinfiedrigen Algen auf.

Häfen zeichnen sich dadurch aus, dass sie diversen Einflüssen unterliegen, die das Leben für reine Meeresbewohner limitieren. Diese Limits bestehen in schwankenden Salinitäten, Verunreinigungen des Wassers und Hafenschlicks und teilweise sehr extremen Strömungs- und Gezeiteneinflüssen. Daher können in diesem Lebensraum nur Organismen siedeln, die in der Lage sind, sich an diese Bedingungen zu adaptieren. Manchmal werden durch die Fischer auch Organismen aus tieferen Wasserschichten in die Häfen verschleppt, so dass man selbst hier mit einem Senknetz "fündig" werden kann. Im typischen Nordsee-Hafen kann man häufig Stichlinge, Grundeln, Seenadeln, Plattfische und Aale finden. An wirbellosen Tieren findet man Seeringelwürmer, Seeanemonen, Krebse, Garnelen, Muscheln, Schnecken und Schwämme. Darunter finden sich dann Arten wie die Strandkrabbe, die Seepocke, die Wollhandkrabbe, die Wellenbrecheranemone, die Kleine Felsengarnele, die Strandschnecke, der Brotkrumenschwamm, die Miesmuschel oder die bei uns durch Austernfarmen eingeschleppte Pazifische Riesenauster. Häufig besiedeln Miesmuscheln die Spundwände, an die sie sich mit ihren Byssusfäden festheften. Die Austern verwachsen sogar mit ihrer unteren Schalenhälfte mit der Spundwand; häufig überwachsen sie dabei sogar die Seepocken und verdrängen die Miesmuscheln. Tiere aus Hafengebieten sind für Menschen grundsätzlich nicht mehr genießbar, weil sie mit Öl, Pestiziden oder Schwermetallen wie z.B. Kadmium oder Quecksilber belastet sein können. Deshalb sind hier gefangene Tiere je nach Belastungsgrad allenfalls noch als Tierfutter oder als Besatztiere für Aquarien brauchbar. Da die Spundwände von Häfen nur wenige Strukturen anbieten, kann man hier auch nicht die gleiche biologische Diversität wie beispielsweise in Ästuarien oder auf Muschelbänken vorfinden.

Eine Besonderheit des norddeicher Hafens ist es inzwischen, dass Spundwände und Hafenmole flächig mit der eingeschleppten **Pazifischen Riesenauster** *Crassostrea gigas* bewachsen sind. Diese Austern verdrängen nachweislich die heimische **Miesmuschel** *Mytilus edulis*, von der man nur noch wenige Exemplare auffinden kann. Dazwischen findet man besonders während der Sommermonate zahlreiche **Pazifische Uferkrabben** der Art *Hemigrapsus penicillatus*, welcher nachgesagt wird, dass sie unsere einheimische **Strandkrabbe** *Carcinus maenas* verdrängt. Allerdings fängt man mit einem Senknetz bewaffnet nur die Strandkrabbe, während man die Pazifische Uferkrabbe am besten während der Ebbe unter Steinen der Hafenmole finden kann. Die Strandkrabbe ist daher auch nach wie vor neben der **Sandgarnele** *Crangon crangon* das häufigste Tier, welches man im norddeicher Hafen antreffen kann. In den Sommermonaten gesellen sich dann noch große Scharen der **Strandgrundel** *Pomatoschistus minutus* dazu.

Die Austern stimmten mich aus mehreren Gründen sehr nachdenklich. Zum einen verdrängen sie einheimische Muschelarten wie die Miesmuschel. Zum anderen zeigen sie ganz objektiv eine Klimaerwärmung an, denn Austern können in zu kaltem Wasser grundsätzlich weder gedeihen, noch sich erfolgreich fortpflanzen. Und darüber hinaus haben sie im Hafen offensichtlich keine Fressfeinde mehr, die ihnen in nennenswerter Weise gefährlich werden könnten. Somit kann man hier schon fast von einer von selbst entstandenen Monokultur sprechen, in der Tiere leben, die sich von Dreck ernähren und die dadurch für andere ungenießbar geworden sind. Die Frage ist, ob solche Tiergemeinschaften überhaupt noch irgendeinen ökologischen Wert für ihr Habitat besitzen, oder ob sie den Lebensraum dadurch für andere Arten „nur" unbewohnbar machen. Ob ein kalter „sibirischer Winter" oder eine neue Austernkrankheit das Problem noch einmal lösen kann? Nun, wir werden es ja noch sehen. Zusammenfassend kann man also sagen, dass sich der Hafen von Norddeich durch einige wenige Tier- und Pflanzenarten auszeichnet, die dafür aber in einer sehr hohen Individuenzahl gefunden werden können. Während manche Arten, wie etwa der sonst häufige **Seestern** *Asterias rubens*, hier komplett fehlen.

Die Bewohner des Sandgrundes

Sandgrund besteht aus feinsten Sedimenten, welche aus fein gemahlenen Steinen, Muschelschalen und anderen Kalkskeletten unterschiedlichster Organismen wie zum Beispiel diversen Stachelhäutern und Foraminiferen entstehen. Durch Stürme und damit verbundene Strömungen verlagern sich die Sandbänke der Flachwasserzone ständig, so dass immer wieder neue Sandbänke und Inseln entstehen und alte sich verlagern oder wieder im Meer versinken. Für diese natürliche Rhythmik gilt nur ein Gesetz: Das einzig Konstante ist der Wechsel! Die Bewohner des Sandgrundes sind daran angepasst, sich in diesem deckungsarmen Milieu zu verbergen, einzugraben oder zu tarnen. Viele Arten kommen nur nachts an die Sandoberfläche, um ihr Risiko, einem Beutegreifer zum Opfer zu fallen, möglichst gering zu halten. Darüber hinaus können sich vor allem viele Wirbellose erstaunlich gut regenerieren, wenn sie mal ein Bein oder ein Körpersegment an einen Räuber verloren haben. Das ewige Gesetz des Fressens und Gefressen Werdens regiert hier mit unerbittlicher Härte. Das Habitat des Sandgrundes beginnt bereits im Flachwasserbereich, der dem direkten Einfluss der Gezeiten ausgesetzt ist, und erstreckt sich abseits von Muschelbänken, Schlamm- oder Geröllgrund unterhalb der Gezeitenmarke meist in Tiefen von etwa 5-25 Metern. Dieser Lebensraum ist für die deutsche Küstenfischerei sehr wichtig, da vorwiegend in diesem Tiefenbereich der Grund von den Kuttern auf der Jagd nach der **Nordseegarnele *Crangon crangon*,** der **Scholle *Pleuronectes platessa*** oder der **Seezunge *Solea solea*** mit ihren Schleppnetzen umgepflügt wird. Von dieser intensiven Befischung profitieren Tiere wie z.B. der **Einsiedlerkrebs *Pagurus bernhardus*,** der als Beifangtier meistens zurück ins Meer geworfen wird, und sich dann an den Kadavern anderer getöteter Beifänge mästen kann. Es soll jedoch nicht verschwiegen werden, dass die Krabbenfischerei zahlreiche Fischbruten vernichtet, und dass die Sandgarnelen, die für den menschlichen Verzehr angelandet werden, wegen der Überfischung immer kleiner werden. Speziell für den Bereich des norddeicher Watts muss darüber hinaus angemerkt werden, dass wesentliche Teile des Watts infolge der Landgewinnungsmaßnahmen durch den Menschen mit Mutterboden durchmischt wurden. Dieses ereignete sich meist als Folge von Sturmfluten in der Wintersaison, was dann später zu einer großflächigen Verschlickung des Wattbodens geführt hat. Dieser Schlick ist also eindeutig anthropogenen Einflüssen zuzuordnen und hat nichts mit einer natürlichen oder ursprünglichen Beschaffenheit der Küste zu tun. Infolgedessen kann man viele anderenorts häufige Tiere in Norddeich nicht auffinden, wie beispielsweise Herzseeigel, Seesterne oder Einsiedlerkrebse, um nur die wichtigsten zu erwähnen. Die relative Artenarmut in Norddeich ist also ein rein menschengemachtes Problem! Dazu kommen dann noch Maßnahmen wie das Verklappen von Hafenschlick vor der Küste, die ebenfalls ihren unheilvollen Beitrag liefern. Schöpft man bei Flut am norddeicher Badestrand einen Eimer mit Meerwasser aus der Nordsee, so ist dieses zunächst undurchsichtig und trübe. Lässt man es dann ein bis zwei Tage abstehen, so wird es vollkommen klar und man kann einen deutlichen Schlamm- und schlickfilm am Boden des Eimers erkennen. Die Partikel dieses Schlicks sind so fein, dass selbst gute Filteranlagen für Aquarien damit überfordert sind, das Wasser in kurzer Zeit transparent zu machen. Viele Fischarten meiden daher Wasserzonen, die mit diesen Feinstpartikeln durchsetzt sind. So beispielsweise der Nagelrochen, der als Grundfisch seine Kiemen nicht mit diesem für ihn gefährlichem Smog verstopfen möchte. Daher findet man selbstverständlich auch keine Rocheneier in Norddeich. Auf der anderen Seite sind diese Schlickböden für diverse Muscheln, Kleinkrebse und Ringelwürmer attraktiv, da diese es verstehen, den reichlich vorhandenen Detritus als Nahrungsquelle zu nutzen. Diese Arten kommen dann auch regelmäßig in großer Zahl auf diesem Schlick vor, der für andere

Arten unangenehm oder sogar tödlich ist. Denn die feinsten Schlicksedimente können manchen Tieren die Kiemen und andere wichtige Körperporen zusetzen, so dass diese sich daran nicht adaptieren können.

In manchen Jahren kann man kleine Plattfische am norddeicher Badestrand fangen, in anderen wieder nicht. Ein untrügliches Zeichen für die labilen und fragilen Artengefüge und Fischbestände der südlichen Nordsee. Traurig und wahr!

Die Sandgarnele ist ein im Sommerhalbjahr sehr häufiger Sandbewohner. Noch…

Muschelbank

Eigentlich sind Seesterne an Miesmuscheln eher ein sehr normaler Anblick. In Norddeich sucht man jedoch Seesterne vergeblich; und auch die Bestände der Miesmuscheln sind hier sehr rückläufig.

Muschelbänke gibt es meist da, wo **Miesmuscheln** sich mit ihren **Byssusfäden** am Untergrund festkleben können. Wo keine harten Substrate da sind, heften sie sich einfach aneinander fest und bilden so feste Siedlungsfilze, die der starken Strömung und anderen Unbilden trotzen können. Die Byssusfäden sind nur schwer zerreißbar und haften bereits nach wenigen Minuten am Untergrund fest. Dabei findet man Miesmuscheln häufig an exponierten Stellen, wie z.B. dem Dach einer Buhne, wo sie bei Ebbe trocken liegen. Dadurch entgehen sie zwar den Seesternen, die ihnen hierher bei Ebbe nicht mehr folgen können, setzen sich aber der Gefahr aus, das Opfer von Hitze, Kälte oder Seevögeln zu werden. Insbesondere Eiderenten können bis zu 2 Kilogramm Miesmuscheln am Tag fressen. Großer Hitze begegnen die Miesmuscheln, in dem sie ihre Schale einen kleinen Spalt weit öffnen und etwas Wasser ausspucken, wodurch dann Verdunstungskühle entsteht. Die Miesmuschelbänke bieten vielen Tieren einen Lebensraum an, die ohne die Muscheln kaum eine Deckung hätten. So kann man hier Würmer, Käferschnecken, Seepocken, Strandkrabben, Taschenkrebse, Einsiedler und Seesterne finden, um nur einige zu nennen. Somit übernehmen die Muscheln eine ökologische Nische, die welcher der Korallen in den tropischen Meeren entspricht. Darüber hinaus leisten selbst die toten Miesmuscheln noch einen wichtigen Beitrag für andere Tiere, da diese auch auf ihren leeren Schalen siedeln können. Durch die Strömung werden die Schalen dann im Laufe der Jahre allmählich aneinander zerrieben, wodurch Sand und Silikate entstehen. Diese werden von der Strömung verdriftet und bilden neue Sandbänke und Inseln. Den Kleintieren und Aufwuchsorganismen folgen dann größere Tiere, die sich von diesen ernähren. Die Muschelriffe bilden damit die Nahrungsgrundlage zahlreicher Stachelhäuter sowie von diversen Krebs- und Fischarten. Ohne diese Riffe wäre die biologische Diversität und Produktivität in der Nordsee erheblich geringer. Momentan ist an unseren Küsten die Bildung neuer Muschelriffe im Gange, die jedoch nicht von Miesmuscheln, sondern von den eingeschleppten Pazifischen Riesenaustern aufgebaut werden. Diese Riffe weisen auf der einen Seite eine größere Vielfalt von anderen Organismen auf, die auf ihnen siedeln. Auf der anderen Seite haben die Austern jedoch den strategischen Nachteil, dass sie sich einmal am Substrat verankert nicht mehr ablösen oder ihre Position verändern können. Das hat dann zur Folge, dass sie Sedimentverlagerungen eher zum Opfer fallen als die altbewährten Miesmuscheln. Insofern ist es spannend, diese Entwicklung weiter zu verfolgen. Eine Tatsache sei in diesem Zusammenhang noch angemerkt: Die **Europäische Auster** *Ostrea edulis* hat trotzdem in der Deutschen Bucht keine Chance mehr, weil diese Art sehr sauberes Wasser benötigt. Dieses trifft auf die Pazifische Riesenauster nicht zu, denn sie kann selbst auf den Spundwänden von mit Schadstoffen belasteten Häfen noch angetroffen werden. Daher ist die Riesenauster immer mit Vorsicht zu genießen und stellt keineswegs einen Indikator für eine intakte Umwelt dar. Die Muschelriffe Norddeichs befinden sich weit draußen im Watt und sind den Inseln Norderney und Juist vorgelagert.

Findet man Miesmuscheln auf den Buhnen am Badestrand oder in Hafennähe, dann handelt es sich dabei oft um etwas kleiner ausgefallene Exemplare, die zudem etwas breiter sind als die normale Miesmuschel. Deshalb liegt hier die Vermutung nahe, dass es sich um Französische Miesmuscheln oder um Hybriden aus französischer und einheimischer Miesmuschel handelt. Dabei dürfte es sich also um eine Faunenverfälschung infolge Arteneinschleppung aus Richtung Ärmelkanal infolge Schiffahrt in Kombination mit den Folgen der Erwärmung des Nordseewassers handeln. So können und sollten uns kleine Muscheln doch einiges zu denken geben.

Infraklasse *Cirripedia* - Rankenfüßer

Die Angehörigen der **Rankenfüßer** erkennt man auf den ersten Blick nicht als Krebstiere, da sie in mit Kalkplatten ummantelten Gehäusen sitzen, aus denen nur ihre mit Borsten besetzten Beinchen herausschauen, mit denen sie nach Plankton fischen. Ihre Zugehörigkeit zu den Krebstieren kann man nur an ihren freischwimmenden **Nauplius-Larven** erkennen, die häufig im Plankton vertreten sind, und hier einen wichtigen Platz in der Nahrungskette einnehmen. Zum Beispiel sind die Larven der Seepocken eine wichtige Beute für die Larven des **Europäischen Hummers *Homarus gammarus***. Zur Gruppe der Rankenfüßer gehören vor allem Entenmuscheln und Seepocken. Diese leben als typische Aufsitzerorganismen auf Steinen, auf Schiffsrümpfen, auf der Haut von Walen, auf Muschelschalen und auf Krebspanzern. Dabei kann man sie von der Spritzwasserzone an entdecken, wo sie während der Ebbe die Kalkplatten ihres Gehäuses verschließen, um nicht zu vertrocknen. Seepocken und Entenmuscheln sind Zwitter, die sich meistens gesellig nebeneinander auf dem Substrat anheften. Die Paarung erfolgt dann durch einen penisartigen Begattungsschlauch, der in die Schale des benachbarten Tieres eingeführt wird. Danach werden die Larven ins Wasser abgegeben, wo sie erst einige Wochen im Plankton treiben müssen. Eine besondere Fähigkeit der Seepocken ist die, sich mit einem selbst produzierten Spezialklebstoff, der unter Wasser aushärtet, auf das Substrat zu heften. Dieser Klebstoff hat Klebeeigenschaften, die der Mensch bisher technisch noch nicht herstellen konnte, und er hält extrem fest, so dass die Seepocken sogar den Brechern der Brandungszone trotzen können. Bei Schiffseignern sind sowohl Seepocken als auch die Entenmuscheln gefürchtet, da sie sich an die Schiffsrümpfe heften, und durch die kleinen Verwirbelungen, die sie bei der Fahrt des Schiffes durch die Ausbuchtungen ihrer kleinen Körper erzeugen, die Geschwindigkeit des Schiffes erheblich mindern können. Außerdem können sie mit der Zeit auch dicke Schichten bilden, die ein nicht unerhebliches Gewicht haben. Deshalb werden Schiffe häufig mit giftigen Schutzanstrichen, den so genannten Antifoulings, behandelt, was jedoch auch für andere Meerestiere schädlich sein kann. Die Rankenfüßer sind eine sehr erfolgreiche Gruppe der Krebse, die häufig auch noch im Brackwasser oder in stark belasteten Habitaten überleben können. Deshalb kann man von ihrer Anwesenheit keine Rückschlüsse auf die Gewässergüte ziehen. Manche Arten überleben es sogar, wenn sie mit Schiffen zeitweilig ins Süßwasser gelangen, da sie extrem unempfindlich gegen Schwankungen der Salinität sind.

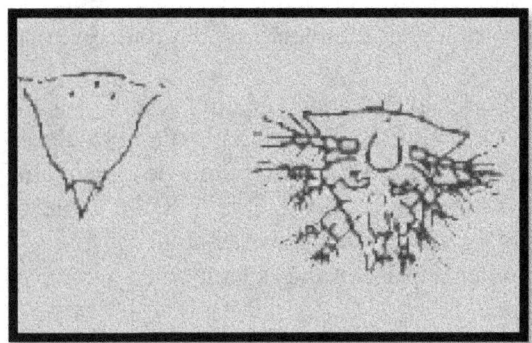

Nauplius-Larve der Seepocken

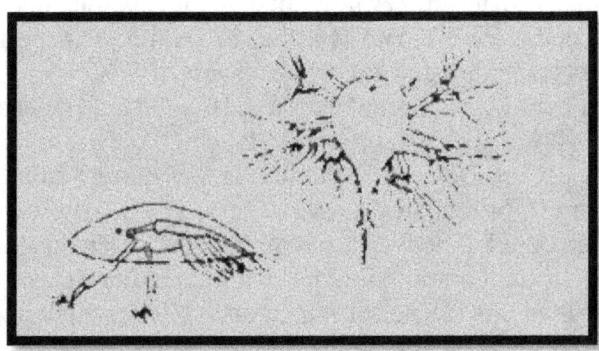

Cirripedier-Larve der Entenmuscheln

Brackwasserseepocke, *Amphibalanus improvisus* (Darwin, 1854)

Diese Seepocke findet man sehr häufig in der Gezeitenzone, und sie toleriert auch geringe Salzgehalte. Oft überkrusten sie Muscheln und Krebspanzer in großer Dichte, wo sie dann als typische Kommensalen leben (vgl. auch Kapitel Symbiosen). Die Kalkplatten dieser Seepocke können einen Radius von etwa 1,5cm erreichen, doch werden sie vor allem auffallend länger als andere Seepocken, wobei sie dann ein stielartiges Aussehen bekommen und bis zu 6cm lange Kalkplatten um sich herum aufbauen können. Diese Seepocken besiedeln auch sehr gerne Steine, Flutpfähle, Hafenmolen und Buhnen. Wenn man auf der Suche nach Meerestieren mit Seepocken bewachsene Steine umdreht, sollte man sich Handschuhe anziehen, da man sich ansonsten die Haut böse aufschlitzen kann, wenn einem der Stein wegrutscht. Die gezackten Gehäusemündungen der Seepocken sind rasiermesserscharf! Solche mit Seepocken bewachsenen Steine oder Muschelschalen kann man ohne Wasser problemlos bis zum heimischen Aquarium transportieren. Jedoch überleben sie dort nur solange, wie sie genug treibende Feinstpartikel als Nahrung erhalten. Da das in den meisten Aquarien nicht oder nur selten der Fall ist, sind sie meistens nach ein bis zwei Monaten verhungert. Außerdem gibt es auch Tiere, die Seepocken aktiv vom Substrat herunter fressen. Dazu gehören insbesondere die **Nordische Purpurschnecke *Nucella lapillus***, die **Strandkrabbe *Carcinus maenas*** und der **Hummer *Homarus gammarus***, um nur einige zu nennen. Nordische Purpurschnecken, die sich auf Seepocken spezialisiert haben, erkennt man in der Regel an ihrer überwiegend weißen Färbung.

Vorkommen in Norddeich: Im Hafen und am Badestrand. An Steinen und Holzpfählen, auch an Muschelschalen im Watt. Ganzjährig auffindbar.

Sternseepocke, *Cthamalus stellatus* (Poli, 1791)

Die **Sternseepocke** ist sehr weit verbreitet, denn man findet sie im Schwarzen Meer, im Mittelmeer, in der südlichen Nordsee, im Ärmelkanal, an den britischen Küsten westlich bis zur Isle of Wight und im Norden bis zu den Shetlands. Sie erreicht einen Durchmesser von bis zu 15mm und weist sechs charakteristisch geformte, von oben betrachtet sternchenförmige Lateralplatten auf. Die Sternseepocke hat eine sehr feine geriffelte Struktur und wirkt etwas filigran, wenn man sie mit anderen Seepocken vergleicht. Man findet sie auf Seetangen, an Spundwänden, auf Muschelschalen und auf den Steinen der Buhnen und Hafenmolen. Doch eigentlich ist diese Art ein typischer Bewohner felsiger Habitate. Die Sternseepocke vermehrt sich im Juli und August, was ein weiterer Hinweis darauf ist, dass auch sie zu den wärmeliebenden Arten des borealen Faunenkreises gehört. Deshalb dürfte sie in absehbarer Zeit auch immer weiter Richtung Norden vordringen und dort immer größere Populationen bilden. Die Sternseepocke kann Seetang auch sehr flächendeckend besiedeln, so dass ihre Individuen zu weißen dicken Krusten verschmelzen können.

Vorkommen in Norddeich: Im Hafen und am Badestrand. An Steinen und Holzpfählen, auch an Muschelschalen im Watt. Ganzjährig auffindbar.

Australische Seepocke, *Austrominius modestus* (Darwin, 1854)

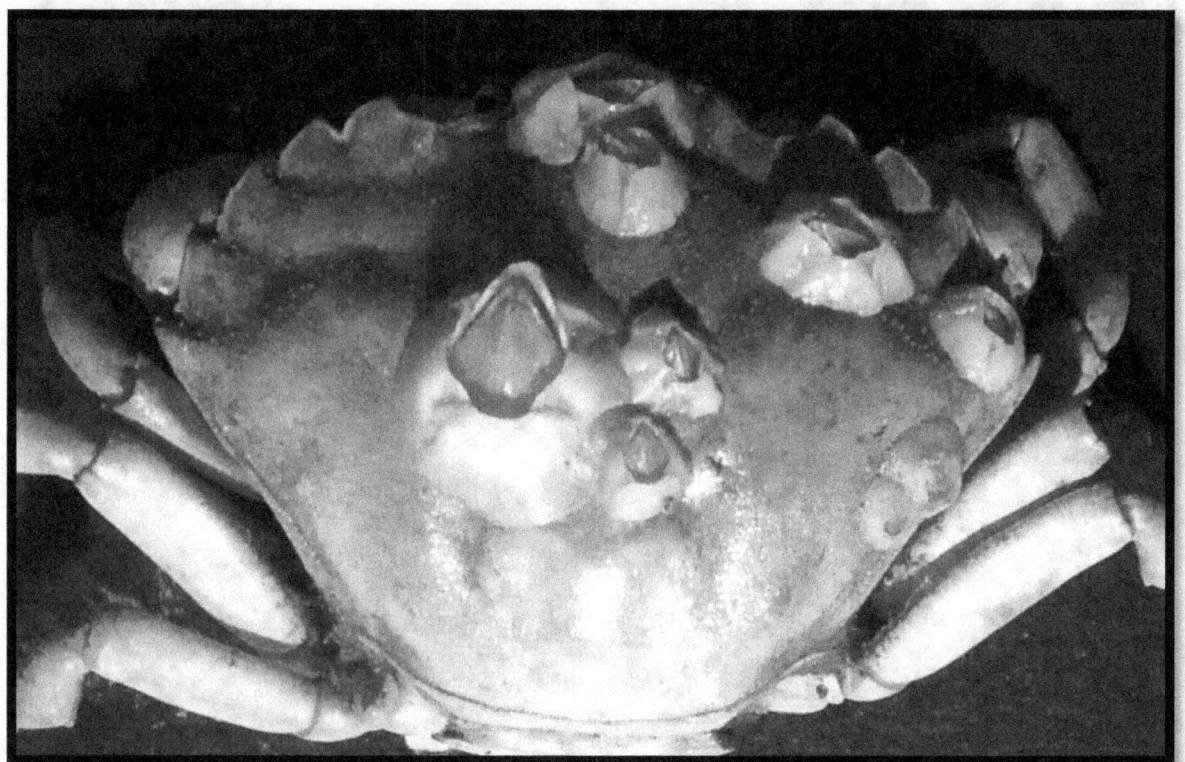

Die **Australische Seepocke** wurde in den 1940er Jahren durch Schiffe nach Europa verschleppt. Das Gehäuse dieser Art wird etwa 1cm breit und besteht nur aus 4 einzelnen Platten. Aufgrund ihrer Herkunft verträgt sie es nicht, wenn sie im Watt während des Winters einfriert. Außerdem toleriert sie keine zu niedrigen Salzgehalte, weshalb sie sich eher in etwas tieferen Zonen des Sublitorals ansiedelt. Trotzdem ist es bemerkenswert, dass es eine Art aus der "Südsee" geschafft hat, sich dauerhaft in der Nordsee zu etablieren. Die gängige Literatur gibt zu dieser Art an, dass sie sich vorwiegend in der südlichen Nordsee aufhält, doch kann man davon ausgehen, dass sie aufgrund der Klimaerwärmung künftig immer weiter nach Norden vordringen wird. Bislang ist noch nichts darüber bekannt, ob sie einheimische Arten verdrängt oder das Ökosystem der Nordsee in irgendeiner Weise negativ beeinflusst. Übrigens erarbeitete Charles Darwin seine berühmt gewordene Theorie vom Ursprung der Arten unter anderem mit dem Studium verschiedener Seepockenspezies, deren Adaptionen an verschiedene Habitate von ihm gründlich untersucht wurden. Dabei entdeckte er die so genannte „Mikroevolution" und konnte anhand seiner Studienobjekte nachweisen, dass sich aus bereits vorhandenen Arten aufgrund diverser Umweltbedingungen daran angepasste neue Spezies entwickeln können.

Vorkommen in Norddeich: Im Hafen und am Badestrand. An Steinen und an Muschelschalen im Watt. Ganzjährig auffindbar.

Gekerbte Seepocke, *Balanus crenatus* (Bruguiere, 1789)

Diese Seepocke kann leicht mit der Brackwasser-Seepocke verwechselt werden, doch kann man sie daran unterscheiden, dass ihre Basalplatte kein Sternchenmuster aufweist. Man kann davon ausgehen, dass die Gekerbte Seepocke jeglichen harten Untergrund besiedelt, und wenn es sich auch nur um Muschelschalen einer natürlichen Muschelbank handelt. Solche Siedlungsflächen sind ein gefährlicher Untergrund für die Seepocken, da sie mit starken Strömungen schnell ans Ufer verdriftet werden können. Andererseits bedeutet das aber auch, dass die Seepocken sich auch als erwachsene Tiere, die sich bereits am Substrat verankert haben, noch weiter ausbreiten können. Dies ist einer der Gründe, warum diese Tiere mit zu den erfolgreichsten Tierarten im deutschen Wattenmeer gehören.

Vorkommen in Norddeich: Im Hafen und am Badestrand. An Steinen und an Muschelschalen im Watt. Ganzjährig auffindbar.

Ordnung *Amphipoda* - Flohkrebse

Die **Ordnung** der **Flohkrebse** ist sehr artenreich, und kann deshalb nur in Kürze vorgestellt werden. Wie die **Asseln** der **Ordnung** *Isopoda* haben sie zahlreiche Habitate erobert, und man findet sie von der Tiefsee bis in flachere Meereszonen, im Offenen Meer genauso wie zwischen den Algenbeständen des Flachwassers. Sie haben auch die Binnengewässer für sich erobert, wo sie durch Schiffe häufig größte Entfernungen zurücklegen und durch die Binnenschifffahrt immer weiter verbreitet werden. Dabei kann es vorkommen, dass eine eingeschleppte Art eine endemische Art verdrängt und kurze später selbst von anderen neuen Arten vertrieben wird. Diese faunatischen Änderungen sind nicht unproblematisch, denn man weiß nie genau, welche Auswirkungen sie auf andere Organismen haben können. Denkbar wäre es etwa, dass eine Fischart, die nur einen bestimmten Amphipoden frisst, sich nicht oder nur sehr schwer auf andere Beute umstellen kann, und deshalb aus einem Habitat verschwindet. Deshalb sollten diese Veränderungen immer sorgfältig von den zuständigen Stellen unter Beobachtung gehalten werden. Im Gegensatz zu den Asseln, die auch das Land erobert haben, stehen die Amphipoden hier noch eine Stufe zurück, doch gibt es bereits Formen, die mehr an Land als im Wasser leben. Ein Beispiel dafür ist der **Gemeine Strandfloh** *Talitrus saltator**, den man vor allem in den Salzwiesen findet, die nur selten überflutet werden. Solchen Arten und der Tatsache, dass Flohkrebse lange nur feucht gehalten auch außerhalb des Wassers überleben können, verdanken sie ihre offizielle Bezeichnung als Amphipoden, denn der griechische Name Amphipode bedeutet so viel wie „Fuß, der im Wasser und auf dem Land zuhause ist". Eine Besonderheit der Flohkrebse sind ihre kleinen, nierenförmigen Augen und ihre sieben Beinpaare, von denen das zweite oder dritte Paar häufig in kleinen Scheren oder Grabklauen endet. Ähnlich den Asseln sind die meisten Flohkrebse harmlose Detritusfresser, doch gibt es auch kleine Räuber und Parasiten. Letztere findet man vor allem an Nesselquallen, die sie anfressen und deren Geschlechtsorgane sie somit schädigen. Das macht in der Natur einen Sinn, damit die Bestände der Nesselquallen reguliert werden, da diese aufgrund ihrer starken Nesselgifte nur wenige andere Feinde haben. Die Flohkrebse sind selbst häufig die Beute anderer Tiere, und ihre vor allem carotinhaltigen Schalen werden von der Zierfischindustrie gerne getrocknet oder tiefgefroren als Futter für Schildkröten und Zierfische verwendet. Flohkrebse kann man oft paarweise antreffen, wobei das größere Männchen das kleinere Weibchen festhält, bis sich dieses häutet. Erst danach kommt es zur Paarung. Die Brut wird dabei in einem Brutsack unter dem Körper ausgetragen, und die Jungflohkrebse kommen bereits vollständig entwickelt zur Welt. Flohkrebse werden häufig mit Muscheln, Algen und lebenden Steinen in Meerwasseraquarien eingeschleppt, wo sie oft ein verborgenes Dasein führen und erst nachts aus ihren Nischen und Winkeln hervorkommen. Dann gehen sie auf die Suche nach Futterresten und anderen organischen Abfällen, die sie gerne verwerten. Da sie aus Gezeitengebieten stammen, die starken Schwankungen unterworfen sind, tolerieren sie Schwankungen der Temperatur und der Salinität ohne Probleme und können für einige Zeit auf trockenem Boden überleben. Sie sind sehr wertvolle Aquarientiere die einen wichtigen Beitrag zur Reinhaltung des Aquarienmilieus von verrottenden Abfällen leisten.

---

* lat. saltator = der Springende. Die Art kann tatsächlich hüpfen, in dem sie sich mit den letzten beiden Beinpaaren vom Boden abstößt. Dabei erinnern sie an Grashüpfer!

Flohkrebs, *Gammarus locusta* (Linnaeus, 1758)

Den **Flohkrebs** findet man an den britischen Küsten, im Ärmelkanal, im Süden bis zur Biscaya und im Norden bis nach Norwegen. Er erreicht eine Länge von bis zu 33mm. Sein lateinischer Artname „**locusta**" bedeutet übersetzt „**Heuschrecke**" und spielt darauf an, dass der Flohkrebs sich hüpfend fortbewegt. Er ist eine sehr wichtige Art im Ökosystem des Wattenmeeres. Denn Flohkrebse verwerten jede Art von organischem Abfall und tragen damit stark zur Reinhaltung des Lebensraumes bei. Diese Eigenschaft dieser Tiere machte man sich auch bei der Präparation eines großen Pottwalskeletts im Stralsunder Hafen zunutze, in dem man die weitgehend abgeflensten Walknochen in durchlässige Netze verpackte, und diese einfach im Hafenbecken versenkte. Innerhalb von wenigen Wochen befreiten die kleinen Flohkrebse und andere Aasfresser die Knochen vom restlichen Walfleisch; erst danach konnten sie professionell präpariert und zusammengebaut werden. Lebende Flohkrebse kann man bereits im Spülsaum finden, wo sie sich von organischen Partikeln ernähren. Dabei vertragen sie auch vorübergehende Trockenheit und Salzdichteschwankungen problemlos. Flohkrebse trifft man häufig paarweise schwimmend an, wobei das größere Männchen sich am kleineren Weibchen anklammert. Erst wenn das Weibchen sich gehäutet hat, kann es sich mit dem Männchen paaren. Flohkrebse werden häufig unabsichtlich in Meeresaquarien eingeschleppt, z.B. mit Muscheln und Algen. Hier machen sie sich als Resteverwerter nützlich und dienen anderen Tieren als Lebendfutter. Sie vermehren sich sogar im Aquarium, so dass man sich um ihren Bestand keine Sorgen zu machen braucht. Sie sind robuste Tiere, die vorübergehend auch schlechte Wasserqualitäten tolerieren und Bestandsverluste durch Fressfeinde schnell durch eine versteckte Lebensweise und hohe Reproduktionsraten kompensieren.

Vorkommen in Norddeich: Im Hafen und am Badestrand. Meist zwischen Seetang oder Meersalat. April bis November am zahlreichsten. Ganzjährig auffindbar.

Schlickkrebs, *Corophium volutator* (Pallas, 1766)

Der **Schlickkrebs** ist eine sehr weit verbreitete Art, die man im Schwarzen Meer, im Mittelmeer, um die britischen Inseln herum und in der Nordsee bis zum westlichen Norwegen finden kann. Er erreicht eine Größe von etwa einem Zentimeter. Man erkennt diesen Flohkrebs unschwer an den beiden besonders großen dicken Antennen, die ihm als Grabwerkzeuge dienen. Der Schlickkrebs kommt sehr zahlreich auf den Sand- und Schlickböden des Watts und in Ästuarien vor. Er ernährt sich von Diatomeen (Kieselalgen) und allerlei organischen Abfällen, dem so genannten Detritus. Diese zu den Flohkrebsen gehörenden Kleinkrebse leben in selbstgebauten Röhren aus Schlick, in welche sie bei Gefahr flüchten. Sie können auch sehr gut schwimmen, wofür sie ihre paddelartigen Schwimmfüße unter dem Hinterleib einsetzen. Sehr wahrscheinlich hat ihnen diese Fähigkeit elegant durch das Flachwasser zu gleiten auch den lateinischen Artnamen *„volutator"* eingebracht, denn dieser bedeutet übersetzt **„der Fliegende"**. Schlickkrebse sind sehr wichtige Futtertiere für zahlreiche Seevögel, insbesondere für Zugvögel. Diese haben Schnabelformen auf, die es ihnen ermöglichen, die Schlickkrebse bei Ebbe aus ihren Löchern zu ziehen. Bei Ebbe kann man auf dem Schlickwatt oft ein leises Knistern hören, wo Schlickkrebse in ausgedehnten Kolonien leben. Dort kommen dann viele hundert Exemplare auf einem Quadratmeter vor und gehen dort ihren Grabungstätigkeiten nach. Dabei können sie ihre Wohnröhren mehrere Zentimeter tief in das Substrat graben. Diese Tätigkeit hat mindestens zwei

ökologisch wertvolle Bedeutungen für den Wattboden. Denn zum einen sorgen sie so dafür, dass das Schlickwatt stets umgegraben und so mit Sauerstoff angereichert wird, wovon dann auch andere Kleintiere profitieren. Zum anderen sorgen sie dafür, dass Nährstoffe von der Oberfläche des Wattbodens unter die Oberfläche gebracht werden, so dass sich Bakterien und Würmer davon ernähren können. Somit tragen die Schlickkrebse aktiv dazu bei, dass sich gerade auf den feinen Schlickböden des Watts keine schwarzen Faulstellen großflächig ausbilden können, denn in einem solchen sauerstoffarmen Milieu könnten dann kaum noch Arten existieren, sodass solche Wattflächen zur biologisch toten Einöde verkommen würden. Leider hat es in jüngerer Vergangenheit immer wieder solche Ausfälle gegeben, wobei der Rückgang von Schlickkrebspopulationen eine Ursache des Problems gewesen sein könnte.

Vorkommen in Norddeich: Im Watt und am Badestrand.. April bis Oktober.

Quallenflohkrebs, *Hyperia galba* (Montagu, 1815)

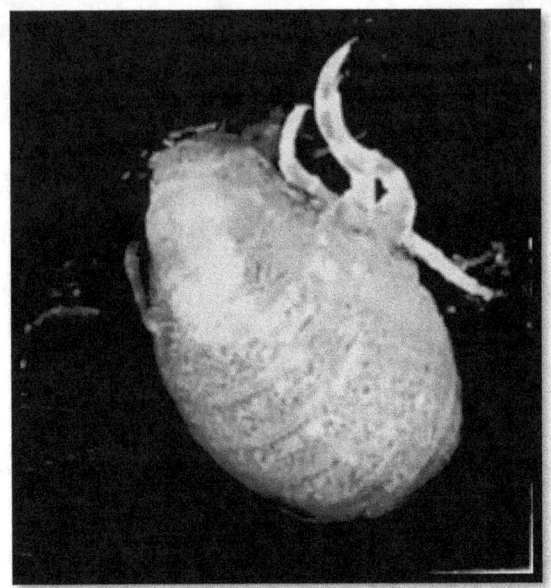
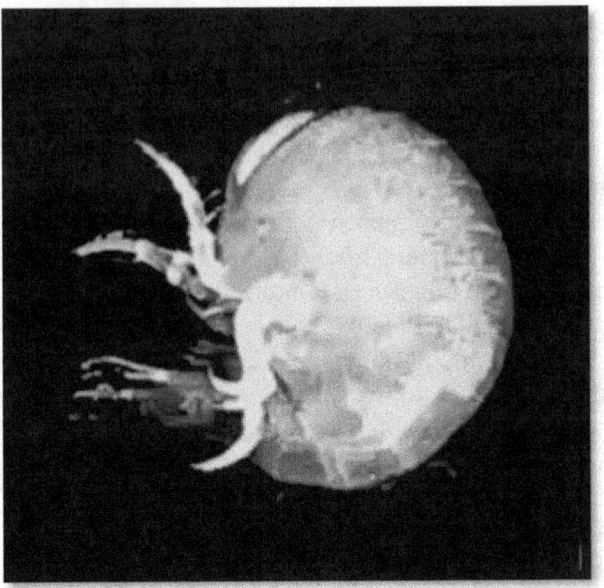

Dieser **Quallenflohkrebs** ist wohl die häufigste Art dieser Familie in unseren Gewässern. Man trifft ihn im gesamten Nordostatlantik an, wobei die Art als Habitat die offene See, also das Pelagial bevorzugt. Weibchen haben kurze, Männchen dagegen lang ausgezogene Antennen. Der Quallenflohkrebs erreicht zwar nur eine Größe von knapp 20 Millimetern, doch ist sein Auftauchen für seine Wirtstiere stets verhängnisvoll, weshalb man diese Kleinkrebse auch zu den **parasitoiden** Meerestieren rechnen muss. (**Parasitoide** schädigen ihre Wirte so stark, dass diese verenden!). Denn Quallenflohkrebse suchen gezielt Quallen wie etwa die **Blaue Haarqualle** *Cyanea lamarcki* oder die **Wurzelmundqualle** *Rhizostoma octopus* auf. Hier nisten sie sich dann in den Geschlechtszellen oder den Verdauungsorganen ihrer Wirte ein und beginnen damit, diese aufzufressen. Manche Quallen, die von ihnen bearbeitet wurden, gleichen einem Schweizer Käse und sind damit in der Regel zum Tode verurteilt. Die Quallenflohkrebse nehmen mit dieser Funktion des Quallenparasiten eine sehr wichtige Position ein, denn bei einer ungehemmten Vermehrung der Quallen würde es sonst zu irreparablen Schäden am gesamten Ökosystem des Weltmeeres kommen. Denn Quallen fressen ihrerseits Plankton und Fischbruten und können bei einer übermäßigen Zunahme ihrer Bestände schwere Schäden verursachen, die dann später auch die Fischereiindustrie und die Fischkonsumenten auf allen Ebenen betreffen können. Möglicherweise könnte im gezielten Einsatz von nachgezüchteten Quallenflohkrebsen auch der Schlüssel zu einer biologischen Methode der Bekämpfung schädlicher Quallenarten liegen, die aufgrund von Umwelt- und menschlichen Einflüssen sonst die Oberhand im Weltmeer gewinnen würden.

Vorkommen in Norddeich: Im Hafen und am Badestrand. Immer an diversen Quallenschirmen, vor allem an denen der Gelben und der Blauen Haarqualle. April bis Oktober, analog dem Lebenszyklus der Wirtsquallen.

Ordnung *Isopoda* - Asseln

Systematisch betrachtet weisen die Asseln eine verblüffende Ähnlichkeit mit den als ausgestorben geltenden **Trilobiten(=Dreilappkrebsen)** auf, da ihr Körperbau ebenfalls in drei Teile untergliedert ist. Dabei gibt es einen Kopfteil, darauf folgt eine Reihe von einzelnen Körpersegmenten und abschließend ein flacher Schwanzteil. Sie haben insgesamt sieben Beinpaare und tragen ihre Eier in einer **Bruttasche (*Marsupium*)** unter ihrem Körper. Aufgrund der etwa 10 mittig sitzenden Körpersegmente, die nur durch eine Spannhaut miteinander verbunden sind, können sie sich bei Gefahr auch einrollen. Manche Asseln können dabei die Form einer Kugel einnehmen und sind somit für einen potentiellen Beutegreifer nur sehr schwer zu attackieren. Es gibt sehr viele verschiedene Arten von Asseln. Wahrscheinlich sind die Asseln eine der erfolgreichsten Tiergruppen überhaupt, denn sie kommen vom Hochgebirge bis zur Antarktis, auf dem Land, im Süßwasser, im Meerwasser und bis zur Tiefsee vor, wo sie extreme Größen von bis zu 30cm erreichen können. Asseln sind meist nützliche Resteverwerter, die organischen Müll jeglicher Herkunft verwerten können. Daher leisten die meisten Arten dieser Tiergruppe unschätzbare Dienste für das gesamte Ökosystem, in dem sie leben. Die meisten Asseln führen ein eher unauffälliges Leben, bei dem sie sich tagsüber unter Steinen, Seetang, Seegras oder

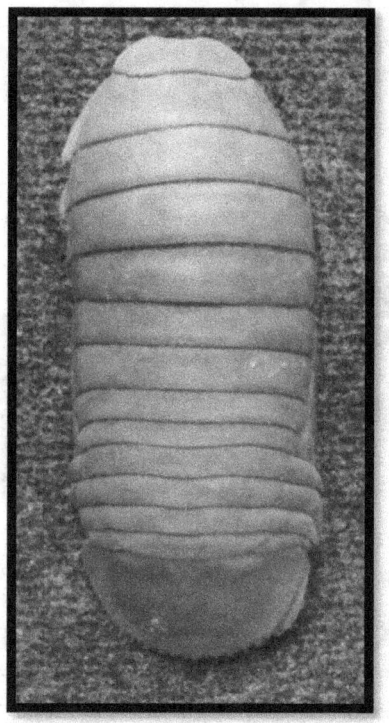 

anderen Algen verbergen und erst nachts frei im Wasser schwimmen. Mit etwas Glück kann man sie unter angespültem Seetang oder unter Algenbeständen finden. Gelegentlich sieht man sie im Flachwasserbereich aufschwimmen, wenn man sie etwas aufscheucht. Eine Ausnahme bilden hierbei die parasitischen Meeresasseln, die auf der Suche nach geeigneten Wirten auch tagsüber angetroffen werden können. Dabei gibt es sogar eine Art[1], die meist bei auflaufendem Wasser auftaucht und sogar Badegäste plagt, die im warmen Flachwasserbereich stehen bleiben. Ich vermute, dass es sich um eine Art handelt, die normalerweise an Fischen oder Meeressäugetieren wie z.B. Seehunden schmarotzt. Diese parasitischen Asseln, die an Fischen schmarotzen und alles andere als angenehm sind für ihren Wirt, können, wenn sie in Meerwasseraquarien eingeschleppt werden, sehr ernsthafte Probleme verursachen.

---

[1] Es handelt sich um die nur 7mm große Schöne Eurydike *Eurydice pulchra*, die sich nachts an Kleinfischen vergreift und sich tagsüber im Sand eingräbt.

Baltische Klippenassel, *Idotea balthica* (Pallas, 1772)

Die **Baltische Klippenassel** *Idotea balthica* kann man nur schwer zwischen den Algen entdecken, an die sie auch farblich bestens angepasst ist. Die Bandbreite ihrer Körperfärbung ist dabei sehr groß und reicht von braun mit hellem Rückenstrich bis hin zu total maigrün. Die Baltische Klippenassel kann Endgrößen von etwa 3 Zentimetern erreichen. Es gibt viele verschiedene Arten von Asseln. Wahrscheinlich sind die Asseln eine der erfolgreichsten Tiergruppen überhaupt, denn sie kommen vom Hochgebirge bis zur Antarktis, auf dem Land, im Süßwasser, im Meerwasser und bis zur Tiefsee vor. Die Baltische Meerassel ist ein nützlicher Resteverwerter, der organischen Müll jeglicher Herkunft frisst. Tagsüber klammert sie sich an Seetang, Seegras oder andere Algen und versteckt sich so vor ihren Feinden. Nachts schwimmen diese Meeresasseln auch frei im Wasser. Wahrscheinlich gehen sie dabei der Paarung und Fortpflanzung nach. Die Weibchen tragen ihre Eier bis zum Schlupf der Brut in einem Brutsack unter ihrem Kopfbruststück, welcher als *Marsupium* bezeichnet wird. Leider erwies sich diese Assel als im Aquarium nicht dauerhaft haltbar, obwohl auch Seetang, Algennahrung und Futterreste vorhanden waren. Mit etwas Glück kann man diese Assel zwischen Algenbeständen des norddeicher Hafens oder an den Buhnen des Badestrandes antreffen.

Vorkommen in Norddeich: Im Hafen und am Badestrand. Meist zwischen Seetang oder Meersalat. April bis Oktober.

Infraordnung *Caridea* - Garnelen

Die Garnelen gehören bereits zur **Ordnung** der *Decapoda*, den **Zehnfußkrebsen**, da sie insgesamt fünf Beinpaare besitzen. Ihr Körper ist wie bei den *Achelata* und den *Astacidea*, zu denen auch solche Vertreter wie **Hummer** und **Langusten** gehören, in ein Kopfbruststück und einen daran hängenden Schwanzteil, das *Pleon* oder *Abdomen* gegliedert. Meistens haben die Garnelen ein Beinpaar, das am Ende in kleinen Scheren endet, mit denen sie ihre Beute zum Mund führen. Die Panzer der Garnelen sind dünn und leicht und so gebaut, dass das umgebende Wasser sie leicht durchströmen kann. Genau wie Hummer und Langusten besitzen sie ein Paar große und zwei Paare kleinen Antennen, mit denen sie Schwingungen und Gerüche im Wasser wahrnehmen können. Versuche haben ergeben, dass es für eine Garnele erheblich schlimmer ist, die Antennen zu verlieren, als die Augen, da sie sich überwiegend mit ihrem Tast- und Geruchssinn orientieren. Die meisten Garnelen sind Resteverwerter und/oder kleine Räuber, die fressen, was sie bewältigen können. Selbst sind sie eine wichtige Proteinquelle für viele Fische und Seevögel. Manche Arten, wie z.B. die **Sandgarnele** *Crangon crangon* oder die **Tiefseegarnele** *Pandalus borealis* sind auch für den Menschen kommerziell wichtig und werden entsprechend befischt. Die Garnelenfischerei stellt jedoch einen erheblichen Eingriff in das Ökosystem der Nordsee dar, da zum einen ein wichtiges Glied in der Nahrungskette dezimiert wird, und zum anderen durch die Garnelenfischerei zahlreiche andere Meeresorganismen mitgefangen und getötet oder geschädigt werden. So werden beispielsweise durch den Fang der Sandgarnelen zahlreiche kleine Plattfische mitgefangen und durch den Netzdruck getötet, so dass die Erträge der Plattfischfischereien erheblich zurückgingen. Die Aquarienhaltung vieler Garnelenarten ist interessant, und solche Arten wie zum Beispiel die **Kleine Felsengarnele** *Palaemon elegans* eignen sich bestens dafür, bei Zimmertemperatur dauerhaft gehalten zu werden, da diese Art ein Kosmopolit ist, der auch in subtropischen Meeren vorkommt. Die genaue Artbestimmung ist bei vielen Garnelen sehr problematisch, da sie in der Literatur häufig falsch deklariert und dargestellt wurden. Daher habe ich mich bei der Erstellung dieses Buches an das "WORMS"(=World Register Of Marine Species) gehalten, welches eine internationale Plattform der Wissenschaft darstellt und bereits zahlreiche Irrtümer und Fehler revidiert hat. An dieser Stelle möchte ich der Hoffnung Ausdruck verleihen, dass meine Recherchen wenigstens die nächsten 10 Jahre Bestand haben werden, da man im Voraus nie wissen kann, ob weitere Revisionen folgen werden… Ein weiteres Problem bei der Bestimmung einer Garnelenart kann es außerdem sein, dass inzwischen zahlreiche Arten durch Schiffe aus Übersee eingeschleppt wurden, die sich hier bereits etabliert haben. So wie etwa die **Braune Felsengarnele** *Palaemon macrodactylus*, welche aus koreanischen und chinesischen Meeresteilen in unsere Häfen eingeschleppt wurde. Paaren sich dann solche Arten mit unseren einheimischen Arten, dann entstehen **Hybriden**, die selbst von Fachleuten kaum noch sinnvoll als Art bestimmt werden können. In diesem Zusammenhang fand ich im Hafen von Norddeich eben diese Art auf – neben diversen anderen Garnelen, mit deren genauer Artbestimmung ich mich jedoch vorsichtshalber gar nicht erst beschäftigt habe…

Sandgarnele, *Crangon crangon* (Linnaeus, 1758)

Die **Sandgarnele**, die oft fälschlich als "Krabbe" bezeichnet wird, ist wohl die wirtschaftlich wichtigste Garnelenart des deutschen Wattenmeeres. Früher wurde sie bei Ebbe in den Prielen von der Küstenbevölkerung mit großen Keschern per Hand gefangen und galt eher als Essen für arme Leute denn als Delikatesse. Inzwischen hat sich dieses Verhältnis gewandelt, und jedes Jahr werden dem Meer große Mengen an Sandgarnelen mit speziellen Krabbenkuttern abgerungen. Sandgarnelen können 10 Zentimeter lang werden, werden aber meist schon in viel kleineren Größen zum Verzehr gefangen. Mittlerweile sind sie meist nur noch 5 bis 6 Zentimeter groß. Das hängt damit zusammen, dass sich die Sandgarnelen auf den großen Feinddruck durch Überfischung mit einer hohen Reproduktionsrate eingestellt haben, wobei die Tiere sich in immer kleinerer Körpergröße fortzupflanzen beginnen. Lebend ist die Sandgarnele durchsichtig bis bräunlich gefärbt und kann ihre Färbung dem Untergrund anpassen. Gesunde Sandgarnelen besitzen Pigmentflecken auf der Haut, mit denen sie sich dem jeweiligen Untergrund farblich anpassen können. Man findet jedoch auch immer wieder Tiere, die schwarze Flecken auf dem Exoskelett haben. Dabei handelt es sich um die Schwarzfleckenkrankheit, die durch Bakterien verursacht wird. Diese Krankheit greift auf die unter der betroffenen Stelle liegenden Gewebepartien über und verursacht dort ein Absterben des Gewebes. Daher ist diese Krankheit sehr ernst zu nehmen, da sie als pathogen eingestuft werden muss. Die Schwarzfleckenkrankheit kann durch das Einleiten organischer Abfälle in das Meer sowie durch Ausbaggerungen und Sedimentverlagerungen begünstigt werden, aber auch die Fischerei beschädigt oft Teile des Garnelenbestandes. Durch mechanische Beschädigungen und durch Sedimentverlagerungen werden die Sandgarnelen anfällig gegen die Keime im Meerwasser und fallen der Seuche dann zum Opfer. Sandgarnelen sind Allesfresser und fressen sowohl Algen als auch kleine Bodentiere, wie etwa kleine Würmer und Aas. Vor allem für die Jagd auf die kleinen Ringelwürmer des Watts sind die Sandgarnelen mit speziell geformten Greifklauen ausgerüstet, die sich am besten zur Ergreifung dieser Beute eignen. Die Aquarienhaltung ist möglich, doch sind die Tiere meist nicht so gut haltbar wie die **Felsengarnelen** der **Gattung *Palaemon*.** Die Dauer ihrer Haltbarkeit lässt sich jedoch durch das Verfüttern kleiner Würmchen verbessern. Selbst dient die Sandgarnele zahlreichen Fischen und Vögeln als Nahrung. Als ein ausgezeichnetes Futter kann man sie sehr gut an alle anderen Fische oder auch Krebse verfüttern. Wegen ihres hohen Jodgehaltes kann man damit sogar der Kropfbildung bei Katzenhaien und anderen Mangelerscheinungen vorbeugen. Sandgarnelen gelten inzwischen als wirtschaftlich wichtige Art, und die Kutter müssen immer weiter hinausfahren, um noch ausreichende Mengen anzulanden. Manche Kutter bleiben sogar bis zu 14 Tagen am Stück auf See, wenn die Fänge ertragreich sind. Für die Fischer ist die Krabbenfischerei ein Knochenjob, bei dem häufig auch nachts durchgearbeitet wird. Dabei sind die Krabbenfänger allen Unbilden des Wetters ausgesetzt und können an besonders stürmischen Tagen auch nicht in See stechen. Das Problem ist, dass die deutschen Fänge inzwischen zum größten Teil von ausländischen Firmen aufgekauft werden, die den Fischern zu wenig für ihren Fang bezahlen, so dass diese - trotzdem sie eigentlich Freiberufler sind - sogar schon in den Ausstand getreten sind. Diese ausländischen Firmen sind auch dafür verantwortlich, dass die Krabben zum Schälen ins Ausland nach Polen oder Marokko gebracht werden, von wo dann die gepulten Krabben mit Konservierungsmitteln zurück nach Deutschland "importiert" werden. Diese Geschäftspraxis sollte verboten werden. Als Verbraucher kann man direkten Einfluss ausüben, in dem man seine Krabben nur noch selber pult. So kann man der "Krabbenmafia" zumindest im Kleinen etwas Einhalt gebieten. Sandgarnelen sehen gekocht eher braunrosa aus und haben sehr wohlschmeckendes Fleisch. Sie schmecken mindestens so gut wie Hummer, nur ist es natürlich mühselig, größere Mengen Garnelenfleisch zum Verzehr zu gewinnen.

Vorkommen in Norddeich: Im Hafen und am Badestrand. Sowohl auf Schlick- als auch auf Sandboden. April bis November.

Brackwassergarnele, *Palaemonetes varians* (Leach, 1814)

Die **Brackwassergarnele** kommt bereits ab dem Flachwasserbereich vor. Diese bis zu 5 Zentimeter große Garnele ist schwer zu entdecken, denn sie kann die Färbung des jeweiligen Untergrundes annehmen. Dabei kann sie Färbungen von durchscheinend über braun bis grünlich annehmen. Diese Garnele findet man sehr häufig in Entwässerungsgräben oder Häfen mit geringem Salzgehalt. Auch an Holzpfählen mit Algen- oder Muschelaufwuchs lässt sie sich gerne nieder. Sie wird häufig als Futtertier lebend gehandelt und versandt. Die Brackwassergarnele ist sehr anpassungsfähig und besitzt eine hohe Toleranz gegen schwankende Temperaturen und Salzgehalte. Sie stellt ein wichtiges Bindeglied in der Nahrungskette dar und dient vielen Seevögeln, aber auch vielen Fischen als Nahrung. In der Aquaristik wird sie gelegentlich als Futtertier lebend gehandelt. In Norddeich findet man diese Art sowohl im Hafen, als auch an Buhnen und Lahnungen, sowie im Bereich der Salzwiesen in kleinen Tümpeln und Gräben. Brackwassergarnelen kann man auch vorsichtig an reines Süßwasser gewöhnen, doch leben sie im Süßwasser nur wenige Monate weiter. In Norddeich findet man diese Garnelen insbesondere in den Brackwassertümpeln beim Ortsteil Utlandshörn, in der Nähe von Leybuchtsiel. (Vom norddeicher Badestrand etwa 5-7 Kilometer auf der linken Seite, dem Deich folgend). Diese Tümpel liegen genau in der Übergangszone von Salzwiese und Watt. Außerdem verläuft von dort hinter dem Deich ein großer Entwässerungsgraben, in dem sie auch anzutreffen sind. Oft findet man in diesem Habitat auch Flohkrebse und Stichlinge, welche mit dieser Garnele das Habitat teilen.

Vorkommen in Norddeich: Im Hafen und am Badestrand. Meist an Steinen oder Spundwänden, auch an Holzpfählen. Seltener in Prielen. April bis Oktober.

Kleine Felsengarnele, *Palaemon elegans* (Rathke, 1837)

Die **Kleine Felsengarnele** ist eine sehr häufige Garnele, die man an Nord- und Ostsee, wie auch im Mittelmeer findet. Wahrscheinlich wurde sie durch Schiffe, in deren Ballastwasser ihre Larven mitreisen, schon um den halben Globus verbreitet. Diese Tiere werden etwa 6 Zentimeter lang und sitzen vorzugsweise auf Spundwänden, an Steinen, in Sielen, in der Nähe von Schleusen und an den Hafenmolen. Sie sind kleine flinke Allesfresser. Die Weibchen erkennt man ab einer Größe von etwa 4cm an den größeren Bauchschildern des Abdomens, die Männchen an den kleineren Segmenten. Die Weibchen setzen freischwimmende Zoea-Larven ab, die sich nach einer planktonischen Phase von etwa 3 Wochen in fertige kleine Garnelen umwandeln. Die Scherenbeine dieser Art sind blau-gelb geringelt, und der bewegliche Scherenfinger sitzt unten an der Schere, und nicht oben, wie bei den meisten anderen Krebstieren. Wenn das Wasser besonders warm ist, bekommen sie kleine gelbe Pünktchen, die den gesamten Körper bedecken. Inzwischen wurden auch neue Arten der **Gattung *Palaemon***, wie etwa die **Braune Felsengarnele *Palaemon macrodactylus***, durch Schiffe nach Europa eingeschleppt. Da diese Arten sich allesamt sehr ähnlich sehen, bleiben für eine wirklich exakte Artbestimmung nur die Rostraldornenzählung, die Vermessung von Körperproportionen oder eine molekulargenetische Untersuchung übrig.

Vorkommen in Norddeich: Im Hafen und am Badestrand. Meist an Buhnen oder Spundwänden. Kann im Hafen mit einem Senknetz gefangen werden. April bis November.

Braune Felsengarnele, *Palaemon macrodactylus* Rathbun, 1902

Die **Braune Felsengarnele** passt sich farblich hervorragend den Spundwänden des Norddeicher Hafens an. Bei dieser bis zu 6 Zentimeter langen Art handelt es sich um eine aus dem Chinesischen Meer eingeschleppte Art, die seit einigen Jahren in zunehmender Zahl an unserer Küste beobachtet werden kann. Solche Arten sind Opportunisten, die alles fressen, was sie bewältigen können. Daher lassen sie sich im Sommer auch hin und wieder mit der Ködersenke fangen. Insbesondere, wenn man diese mit Muschel- oder Fischfleisch beködert hat. Diese Art unterscheidet sich vor allem durch ihre Größe und den hellen Rückenstrich von der kleineren Brackwassergarnele und wird im Gegensatz zu dieser auch nur sporadisch einmal gefangen. Das heißt, dass es auch Jahre geben kann, in denen man sie überhaupt nicht antrifft. Solche Arten dokumentieren im Wesentlichen die zurzeit herrschenden fragilen Artengefüge der Nordsee, können aber nicht unbedingt als Beleg für eine Klimaerwärmung herhalten. Denn diese Arten werden meistens mit dem Ballastwasser von Schiffen in neue Habitate verdriftet, wo sie dann manchmal eine Zeitlang überleben, sich aber nicht immer erfolgreich anpassen und etablieren können. Da das Nordseewasser in den letzten Jahren objektiv um mindestens zwei Grad Celsius wärmer geworden ist, fühlt sich diese Art in unseren Gewässern sehr wohl und ich konnte wiederholt einige Exemplare im Hafen von Norddeich einfangen.

Vorkommen in Norddeich: Im Hafen und am Badestrand. Meist an Buhnen oder Spundwänden. Kann im Hafen mit einem Senknetz gefangen werden. April bis November.

Prozessa-Garnele, *Processa canaliculata* Leach

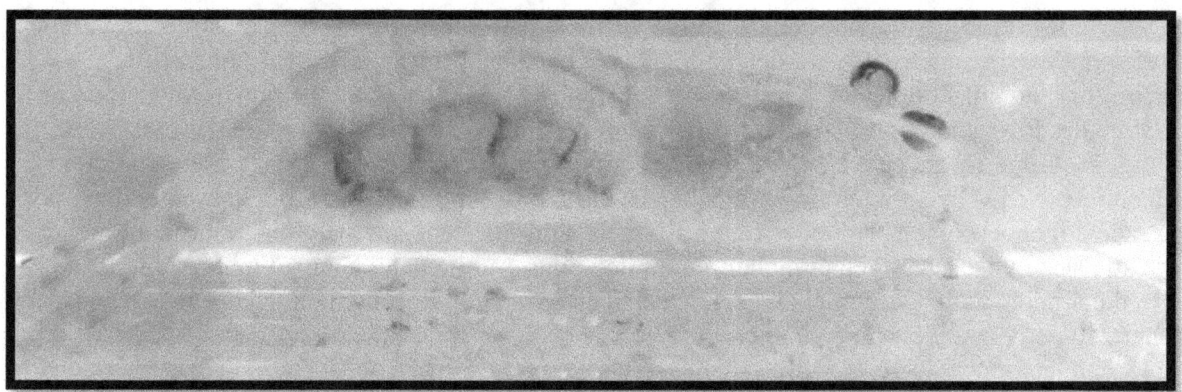

Die **Prozessa-Garnele** findet man eigentlich eher im westlichen Mittelmeer sowie etwas seltener an den Küsten der südlichen britischen Inseln. Im Jahr 2016 fand ich infolge der Hitze an einem Schwimmsteg ein einzelnes Exemplar einer mir unbekannt erscheinenden Garnelen-Art. Diese fiel mir vor allem wegen ihres charakteristischen Buckels auf. Leider ging mir dieses Exemplar in meiner Zwischenhälterung verloren, doch erhielt ich dann im Sommer 2018 noch ein weiteres Exemplar von einem Krabbenfischer, dem dieses ins Auge gefallen war. Nach einer Fotosession konnte das Tier dann schließlich als die hier vorgestellte Art genau bestimmt werden, da erst die Fotos die für die Bestimmung sichtbaren Details wahrnehmbar machten. Die Färbung wich allerdings gravierend von der welcher des Bestimmungsbuches ab, was jedoch nicht weiter verwundert, da solche Bücher oft nach Begutachtung toter Museumsexemplare angefertigt werden.

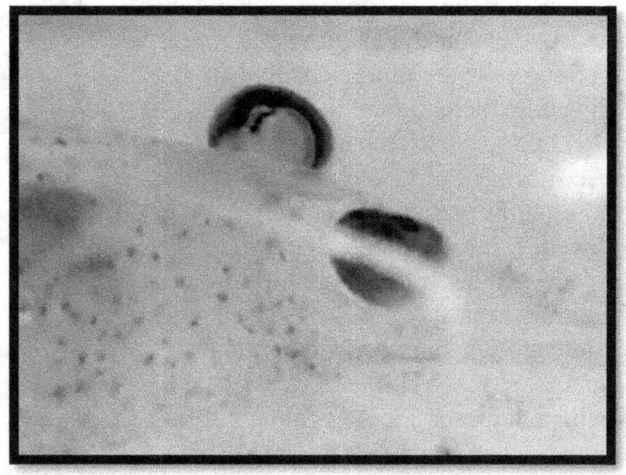

Ausschlaggebend für die erfolgreiche Bestimmung war letztlich das extrem kurze Rostrum (der Stirndorn zwischen den Augen, siehe kleines Bild), welches für diese Garnelenart besonders typisch ist. Auch wies das Tier keine Zacken am Rostrum auf. Es handelte sich um ein Weibchen, weshalb auch versucht wurde, die Brut aufzuziehen, was jedoch leider nicht gelang und auch eine Spätfolge vom Fangstress gewesen sein könnte. Funde solcher Arten sind ein klarer Beleg für die fortschreitende Klimaerwärmung in der südlichen Nordsee und sollten uns sehr nachdenklich stimmen. Sie sind zunächst klein und unspektakulär und werden wohl von den meisten Menschen schlichtweg übersehen. Sie könnten uns jedoch spektakuläre Großereignisse ankündigen, und sollte deshalb als wichtige Indikatororganismen einem Monitoring unterzogen werden.

Vorkommen in Norddeich: Im Hafen an den Schwimmstegen, evtl. auch an Buhnen und Spundwänden. April bis Oktober.

Ordnung *Mysida* - Schwebegarnelen

Die **Schwebegarnelen** sind eine sehr wichtige Gruppe der Krebstiere, die meistens freischwimmend im offenen Wasser angetroffen werden kann. Dort leben sie in riesigen Schwärmen, wo sie gemeinsam Jagd auf Zooplankton, wie z.B. Ruderfußkrebse, machen. Sie beginnen im Frühjahr mit der Blüte des Phytoplanktons, sich zu vermehren und große Bestände zu bilden. Diese sind eine wichtige Nahrung für diverse Fischarten und Seevögel, aber auch für größere Garnelenarten und Blumentiere. Schwebegarnelen findet man auch sehr häufig im Flachwasserbereich, in Häfen und zwischen Algenbeständen. Tiere des freien Wassers sind meistens durchsichtig gefärbt, während Tiere, die sich zwischen Algen aufhalten, bräunlich oder grünlich aussehen können. Manche Schwebegarnelen halten sich auch zwischen den Tentakeln von Seeanemonen auf, um anderen Räubern zu entgehen. Schwebegarnelen sind lebendgebärende Tiere, die ihre Jungen in einer Bruttasche unter dem Körper tragen, bis diese als fertige kleine Schwebegarnelen ausschlüpfen. In der Aquaristik spielen sie eine wichtige Rolle als Futtertiere, welche lebend oder meistens tiefgefroren gehandelt werden. Insbesondere für die Haltung und Zucht von Seepferdchen und Seenadeln sind Schwebegarnelen unentbehrlich. Öffentliche Aquarien geben daher oft Unsummen für die Beschaffung dieser wichtigen Futtertiere aus. Zwar sind Schwebegarnelen leicht züchtbar, da sie lebende und fertig entwickelte Jungtiere aus ihrem Brutsack entlassen, doch sind sie leider auch kannibalisch veranlagt. Daher ist eine wirklich effiziente Nachzucht dieser Tiere noch nicht gelungen. Ein möglicher Ansatz hierfür könnte es sein, die Bruten in trübem Wasser aufzuziehen, was sich bei der 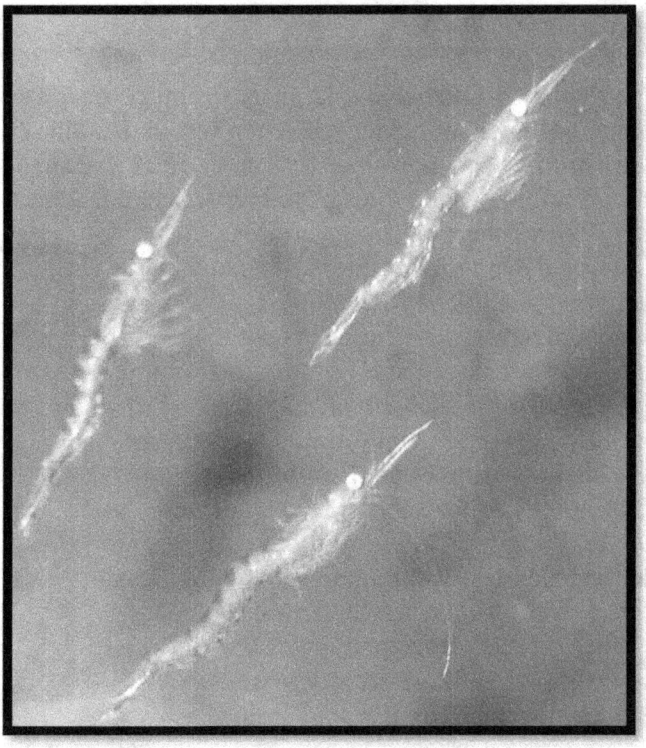 Nachzucht von Speisegarnelenarten bereits bewährt hat. Denn im trüben Wasser schwimmen die Tiere eher aneinander vorbei, als sich gegenseitig anzufressen. Allerdings müssten solche Nachzuchten auch gesiebt und sortiert werden, wodurch mit Sicherheit ein sehr hoher Aufwand entstehen würde. Ob dieses eine kommerzielle Nachzucht als Futtertier für die Aquaristik rechtfertigen würde, darf bezweifelt werden. Im Hafen von Norddeich und im flachen Wasser der Priele kann man Schwebegarnelen ab dem Frühjahr antreffen, abhängig von der Entwicklung des Planktonlevels in Abhängigkeit von diversen Wasserparametern. So insbesondere der Temperatur. Im Jahre 2016 machten sich die Schwebegarnelen an der gesamten Nordseeküste rar, was der Hitzewelle im Monat geschuldet gewesen sein dürfte. Es dauerte sehr lange, bis man mehr als einzelne Exemplare antreffen konnte. Solche Phänomene zeigen, dass in der Nordsee offensichtlich die ökologischen Gefüge infolge der Klimaerwärmung in Unordnung geraten sind.

Gebogene Schwebegarnele, *Praunus flexuosus* (O.F. Müller, 1776)

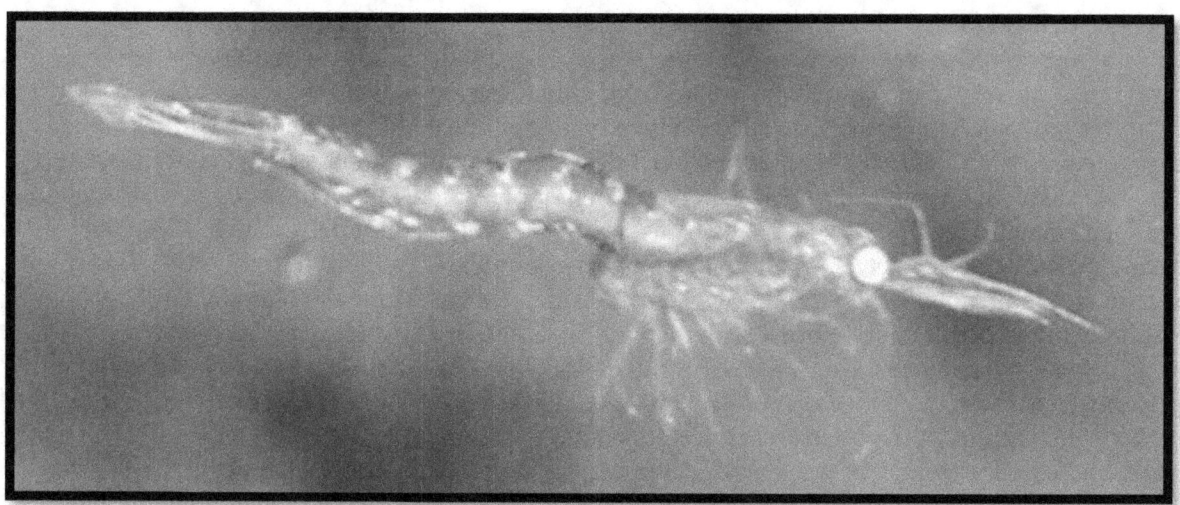

Die **Gebogene Schwebegarnele** ist die momentan häufigste Schwebegarnele, die man überall im Flachwasserbereich antreffen kann. Sie wird etwa 4 Zentimeter lang und ist durch ihre gebogene Körperform gut von anderen Arten zu unterscheiden. Farblich sind sie sehr variabel, wobei Tiere, die in der Nähe von Algenbeständen leben, grünlich sein können, während sie sonst durchsichtig bis bräunlich gefärbt sind. Sie leben auch in Sielen und Entwässerungsgräben und ertragen auch sehr geringe Salzgehalte. Schwebegarnelen stehen meistens schräg nach oben ausgerichtet in der Strömung, wo sie versuchen, winzige Nahrungspartikel in ihren reusenartigen Beinen festzuhalten. Dabei fressen sie alles, was sie überwältigen können, inklusive ihres eigenen Nachwuchses! Schwebegarnelen sind lebendgebärend, was bedeutet, dass die Weibchen ihre Brut in einer Bruttasche mit sich herumtragen, bis die Jungen sich so weit entwickelt haben, dass sie den Brutsack als fertig entwickelte etwa 5 Millimeter lange Schwebegarnelen verlassen können. Schwebegarnelen sind kurzlebige Tiere, die kaum älter als ein Jahr werden. Im Frühjahr beginnen sie sich analog der Vermehrung des Phytoplanktons rasch zu vermehren, und im Sommer erreichen sie dann höchste Bestandsdichten. In manchen Hafenbecken stehen sie dann durch die Strömung in Ecken des Hafenbeckens gedrückt in dichten Schwärmen, die Tausende von Tieren umfassen. Zum Herbst und Winter nehmen ihre Bestände dann ab, da das Phytoplankton dann nicht mehr so produktiv wächst und die Anzahl der Kleintiere, von denen die Schwebegarnelen leben, rapide abnimmt. Die Gebogene Schwebegarnele ist ein wichtiges Futtertier für zahlreiche Zug- und Seevögel und diverse Fische und Seeanemonen. Damit stellt sie ein sehr wichtiges Glied der Nahrungskette dar.

Vorkommen in Norddeich: Im Hafen und am Badestrand. Auch freischwimmend und in Ebbepfützen. April bis November.

Infraordnung *Brachyura* - Krabben

Die **Kurzschwanzkrebse** oder auch **Krabben** tragen den Hinterleib unter ihren Körper geschlagen. Auch sie besitzen zehn Beinpaare, wovon meistens die ersten zwei Scheren tragen. Zu dieser Gruppe gehören sehr unterschiedliche Vertreter wie die bodenlebenden Taschenkrebse, Strandkrabben und Antennenkrebse auf der einen, und die freischwimmenden Schwimmkrabben auf der anderen Seite. Bei den Schwimmkrabben ist das letzte Beinpaar abgeplattet, so dass sie damit im freien Wasser schwimmen können. Die meisten Krabben sind Räuber, die alles fressen, was sie erwischen können. Häufig fressen sie auch Aas und übernehmen damit die wichtige Rolle der Gesundheitspolizei des Ozeans. Manche Arten haben viel nutzbares Fleisch und sind für lokale Fischereien auch kommerziell wichtig, wie zum Beispiel der Taschenkrebs oder die Große Seespinne. Im Ökosystem der Nordsee sind viele Krabbenarten ein wichtiges Glied in der Nahrungskette. So machen zum Beispiel vor allem Krabben einen der Hauptnahrungsbestandteile des Kraken aus. Aber auch Fische mit panzerbrechenden Kiefern, wie z.B. der Seewolf haben Krabben zum Fressen gern. Überraschenderweise fand ich auch in den Mägen von Wittlingen ganze unzerkaute Schwimmkrabben, was darauf schließen lässt, dass manche Fischarten hochkonzentrierte Verdauungssäfte haben müssen, um die hartschaligen Krabben überhaupt als Nahrung verwerten zu können. Darüber hinaus gibt es auch Großkrebse, wie etwa Hummer und Steinkrabbe, die kleinere Krebse regelmäßig erbeuten. Das ist in dem fragilen Ökosystem der Nordsee auch notwendig, weil die Anzahl der Krabben wegen deren hohen Vermehrungsraten sonst rapide überhand nehmen würde und eine zu hohe Bestandsdichte dramatische Auswirkungen haben könnte. So kann Beispielsweise ein einziges Taschenkrebsweibchen bis zu einer Million Krebslarven hervorbringen. Durch den internationalen Güterverkehr des Menschen sind bisher mindestens drei verschiedene Krabbenarten aus Fernost in unsere Gewässer gelangt, die teilweise erhebliche Beeinträchtigungen unserer einheimischen Fauna mit sich brachten. Darüber hinaus schädigen Krabbenarten, wie beispielsweise die Chinesische Wollhandkrabbe, den Menschen auch direkt selbst, indem sie Fische in Reusen massakrieren, Fischbruten schädigen und Dämme und Deiche durchlöchern. In der Summe entstehen durch verschleppte Tier- und Pflanzenarten häufig Folgekosten in Millionenhöhe, um die entstandenen Ökoschäden wieder zu beheben. Manche Schäden sind und bleiben irreparabel. Leider sind diese unfreiwilligen Importe durch das Ballastwasser von Schiffen kaum zu verhindern, doch wurden hier bereits Überlegungen angestellt, wie man künftige Neuimporte verhindern oder eindämmen kann. Bleibt zu hoffen, dass diese Bemühungen eines Tages Erfolg haben werden. Allerdings ist es leider meist so gut wie unmöglich, bereits eingeschleppte Arten, die sich in unsere Ökosysteme integriert haben, wieder loszuwerden… In Norddeich sind interessanterweise Chinesische Wollhandkrabben relativ selten anzutreffen, dafür haben sich die deutlich kleineren Uferkrabben aus Japan und Korea sehr gut in die Gemeinschaften der Hafen und Buhnenfauna integriert. Hier trifft man sie regelmäßig unter Steinen oder Schalen der ebenfalls eingeschleppten Pazifischen Riesenaustern an. Diese Uferkrabben betätigen sich hier als Algenfresser oder Aasvertilger und nehmen somit nützliche ökologische Nischen ein. Inwieweit sie damit das Ökosystem schädigen oder bereichern ist leider zurzeit noch unklar.

Strandkrabbe, *Carcinus maenas* (Linnaeus, 1758)

Strandkrabbe des Mittelmeeres oder der Nordsee? Zwischen den Augen hat dieses Exemplar so gut wie keine Rostraldornen. Es könnte sich hier allerdings auch um einen Hybriden aus beiden Arten handeln…

Die **Strandkrabbe** ist wohl die häufigste Krabbe des deutschen Wattenmeeres und der Ostseeküste. Sie erreicht eine Panzerbreite bis zu 8cm, die Weibchen bleiben etwas kleiner. Man kann sie bei Ebbe in Gezeitentümpeln oder unter Steinen finden, wo manchmal ganze Krabbennester von bis zu 100 Exemplaren übereinander hocken und gemeinsam auf die nächste Flut warten. Salzdichteschwankungen und andere Extreme wie Hitze und Kälte vertragen sie problemlos. Wenn sie während der Ebbe keine Deckung unter Steinen gefunden haben, verstecken sie sich, in dem sie sich einfach im Sand eingraben. Sie können auch mehrere Tage ohne Wasser überleben, wenn sie bei einer hohen Luftfeuchtigkeit gelagert werden. Sie sind sehr räuberisch und fressen alles, was sie überwältigen können. Dass sie manchmal auch kleinere oder frisch gehäutete Artgenossen fressen, macht sie in den Augen mancher Autoren zu Kannibalen. Das ist jedoch nicht ihre bevorzugte Ernährungsweise, denn sie sind eigentlich eher darauf aus, die Reste anderer Tiere oder auch junge Miesmuscheln, Würmer und anderes als Futter zu verwerten. Deshalb würde ich sie als "sekundäre" Kannibalen, ähnlich dem Hummer oder dem Hecht, einstufen. Die Strandkrabbe nimmt die Rolle der Gesundheitspolizei im Wattenmeer ein und stellt außerdem selbst eine wichtige Futterquelle für Seevögel und bestimmte Fisch- und Krebsarten dar. Strandkrabben kann man mit der bloßen Hand aufsammeln, wobei man sie am besten von hinten an den äußersten Randdornen ihres Kopfbruststückes ergreift, während man sie in der Mitte gleichzeitig leicht gegen den Boden drückt, damit sie nicht seitlich ausbricht. Denn Strandkrabben laufen vorzugsweise seitwärts davon, was ihnen bei der Küstenbevölkerung den volkstümlichen Namen **"Dwarslöper"** einbrachte. Dabei handelt es sich um eine sinnesphysiologische Sonderleistung des Nervensystems der Krabbe, alle Beine im Wechselschritt so zu koordinieren, dass die Krabbe nicht hinfällt. Und in Versuchen wurde sogar nachgewiesen, dass die Strandkrabbe dazu in der Lage ist, zusätzliche Gewichte, die man ihr an ein oder mehrere Beine gehängte hatte, bewegungstechnisch auszugleichen. Strandkrabben sind einfach im Aquarium zu halten, sind allerdings auch Meister im "Ausbüchsen", weshalb das Becken gut abgedeckt sein sollte. Da sie alles fressen, was sie überwältigen können, muss man gut überlegen, mit welchen Tieren man sie vergesellschaftet. Wenn die Strandkrabbe festgehalten oder in die Enge getrieben wird, kann sie sich auch von überflüssigen Gliedmaßen trennen, die an speziellen Sollbruchstellen abbrechen. Diese Stellen sind als deutliche Einkerbungen an der Basis ihrer Beine erkennbar. Bricht ein Bein ab, wird die Blutzufuhr sofort unterbrochen, damit die Krabbe nicht verblutet. Strandkrabben können verlorene Körperglieder leicht nach dem Kaktussprossenprinzip regenerieren: Aus dem Stumpf des Beinansatzes quillt zunächst eine graue gallertartige Gewebemasse, die sackartig aussieht. Diese nimmt nach einer Weile die Grundform des ersten Beinsegmentes in einer etwas kleineren Ausführung als die noch vorhandenen Beine an. Dann sprießt aus diesem Segment ein weiteres Beinsegment, bis das Bein soweit als kleines "Sackbeinchen" ausgebildet ist. Dann häutet sich die Krabbe, und hat wieder ein voll funktionsfähiges neues Bein in kleinerer Ausführung an ihrem Körper. Die Männchen der Strandkrabben erkennt man daran, dass sie unter ihrem Kopfbruststück nur eine schmale Tasche haben, während die Weibchen eine breite Tasche tragen. Tage, bevor die Strandkrabben sich paaren, sammeln die Männchen ein paarungswilliges Weibchen ein, schleppen dieses an ihren Bauch geklammert mit sich herum und warten die Häutung des Weibchens ab. Dann kommt es zur Copula*, wobei das Männchen dann seine Tasche unter die des Weibchens schiebt und sein Spermapaket überträgt. Das Weibchen stößt danach orangefarbene Eier aus und lässt diese von dem Spermapaket befruchten. Nach einigen Wochen schlüpfen dann aus diesen Eiern kleine **Zoea-**

---

* lat. Copula = Paarung

Larven, die zunächst frei im Plankton schwimmen, sich dann in **Megalopa-Larven** und danach in kleine Krabben umwandeln, die zum Bodenleben übergehen. Wenn man zwischen Seetang und unter Steinen auf die Suche geht, kann man häufig die kleinen stecknadelkopfgroßen Krabben entdecken. Diese leben auch häufig zwischen den Gespinsten der Miesmuscheln, wo sie nach kleinen Würmern und anderen Beutetieren suchen. Wenn die Strandkrabben Größen von etwa 1cm Panzerbreite erreicht haben, kann man sie in allen möglichen Farbmustern antreffen, wobei die Bandbreite von braun über grün bis weiß und orange gemustert reicht. Diese Muster tarnen sie hervorragend zwischen den Seepocken und Algen der Gezeitenzone. Im Winter wandern vor allem die großen Strandkrabben in tieferes Wasser ab, da ihnen das Watt dann zu kalt wird. Erst im Frühjahr, meist ab April, tauchen die größeren Strandkrabben wieder in größerer Zahl im Watt auf. Strandkrabben haben aber im Watt nicht nur mit den Unbilden der Jahreszeiten, sondern auch mit der Konkurrenz anderer eingeschleppter Krabbenarten zu kämpfen. Zu diesen gehören die aus der Familie der **Felsenkrabben** *Grapsidae* eingeschleppte **Chinesische Wollhandkrabbe**, *Eriocheir sinensis,* die **Japanische Uferkrabbe** *Hemigrapsus penicillatus* und die **Pazifische Uferkrabbe** *Hemigrapsus sanguineus*. Andererseits wurde die Strandkrabbe mit Schiffen bereits weltweit ausgebreitet, so dass sie jetzt zum Beispiel auch im Hafen von San Francisco gefunden werden kann, wo sie sogar noch größer als in der Nordsee wird und Panzerbreiten von bis zu 10cm erreichen kann. Damit ist die Erhaltung der Spezies auf jeden Fall gesichert, auch wenn sie an den deutschen Küsten durch die Verdränger aus Fernost einmal aussterben sollte. Somit gehört die Strandkrabbe zu den klaren Gewinnern der allgemeinen Globalisierung und kann bereits jetzt als moderner Kosmopolit eingestuft werden.

Vorkommen in Norddeich: Im Hafen, im Watt und am Badestrand. Im Hafenbereich in kleinen Ansammlungen unter den Steinen der Mole, oft gemeinsam mit Pazifischen Uferkrabben *Hemigrapsus spp.* zwischen Austern an Spundwänden (siehe Bild oben). April bis November.

Mittelmeer-Strandkrabbe, *Carcinus aestuarii* Nardo, 1847

Die **Mittelmeer-Strandkrabbe** kann man im Wesentlichen anhand der fehlenden Stirndornen von der Strandkrabbe der Nordsee unterscheiden. Normalerweise kommt sie rund um das Mittelmeer vor, wobei man sie auch in Lagunen und Ästuarien antrifft. Ihre Größe entspricht etwa der unserer einheimischen Strandkrabbe. Unklar ist es, ob der Artstatus der Mittelmeer-Strandkrabbe aufrechterhalten werden kann, oder ob es sich in Wirklichkeit nur um eine Unterart handelt. Außerdem ist es durchaus möglich, dass beide Arten bereits innerartlich sehr variabel sind oder sich miteinander mischen. Fakt ist es jedoch, dass ich seit dem Jahre 2009 diverse Tiere in Wilhelmshaven, aber auch in Norddeich auffinden konnte, welche Artmerkmale der Mittelmeer-Strandkrabbe aufwiesen. Insbesondere das Fehlen der Stirndornen wäre hierbei zu nennen. Man kann jedoch leider nicht davon ausgehen, dass es sich hierbei um nicht hybridisierte reinerbige Exemplare gehandelt hat, was die Bestimmung als Art mit herkömmlichen Mitteln erschwert. Sollte es sich bei den von mir gefundenen Exemplaren wirklich um *Carcinus aestuarii* handeln, so wäre dies ein weiterer Beleg für die fortschreitende Klimaänderung in der südlichen Nordsee. Ein Warnzeichen von Mutter Natur an unsere Adresse, welches besser nicht ignoriert werden sollte.

Vorkommen in Norddeich: Im Hafen, im Watt und am Badestrand. Im Hafenbereich oft in kleinen Ansammlungen unter den Steinen der Mole, manchmal gemeinsam mit der Pazifischen Uferkrabbe *Hemigrapsus penicillatus*. April bis November.

Pazifische Uferkrabbe, *Hemigrapsus sanguineus* (De Haan, 1835)

Diese Krabbe erreicht lediglich eine Carapaxlänge von 3 Zentimetern und wurde genau wie die Japanische Uferkrabbe durch Schiffe in andere Erdteile verschleppt. Dabei wurde sie in der Normandie, in den Niederlanden und an der amerikanischen Ostküste nachgewiesen. Da diese Krabbe aus gemäßigten und subtropischen Regionen des Nordpazifiks stammt, hatte sie keine Probleme damit, sich an das europäische Klima der Nordhalbkugel anzupassen. Man kann *Hemigrapsus sanguineus* von *Hemigrapsus penicillatus* hauptsächlich daran unterscheiden, dass sie keine behaarten Scheren hat. Diese Krabben leben sehr versteckt und sind nur schwer während der Ebbe an den Buhnen aufzufinden. Dabei treten sie saisonal in Erscheinung und verschwinden dann wieder so überraschend, wie sie gekommen sind. Auch sie verdrängen unsere einheimische **Strandkrabbe *Carcinus maenas*.** Im Aquarium konnte ich jedoch keine Übergriffe dieser Krabbe gegen Strandkrabben feststellen, was meine Hypothese stützt, dass ihre Larven die Larven der Strandkrabbe dezimieren. Die erwachsenen Tiere sind sehr verträglich und zeigen ein sehr gutes Sozialverhalten. Sie sind überhaupt nicht kamera- oder blitzlichtscheu und lassen sich gut fotografieren. Wie die vorgenannte Art ernähren sie sich überwiegend von Algen, fressen als echte Opportunisten aber auch Aas, wenn sie etwas Verwertbares entdecken. Man darf gespannt sein, welche Spezies aus Übersee künftig noch in unsere Gewässer verschleppt werden. Diese Tiere bezeichnet man auch als Neozooen. Diese Gruppe ist so definiert, dass es sich dabei um Tierarten handeln muss, die durch den Menschen seit dem Jahr der Entdeckung Amerikas durch Christoph Columbus im Jahre 1492 in andere Regionen oder sogar Erdteile verbracht wurden. Streng genommen müssten dazu aber auch noch einige weitere Arten gerechnet werden, die bereits im Altertum oder im Mittelalter weiter verbreitet wurden. Dazu gehören beispielsweise auch so bekannte Tiere wie der Karpfen oder das Gemeine Feldkaninchen. Das Jahr 1492 wurde jedoch aufgrund internationaler Übereinkünfte der Biologen als Indexjahr ausgewählt, weil es einen entscheidenden Wendepunkt in der modernen Menschheitsgeschichte darstellt. Die Einschleppung von Arten aus Übersee ist immer mit Skepsis zu betrachten, da die Auswirkungen auf heimische Arten in einigen Fällen dramatisch sein können. Doch ist das Vordringen südlicher Arten des Mittelmeeres und der subtropischen atlantischen Zone als noch bedenklicher anzusehen, weil diese Arten eine fortschreitende Klimaänderung anzeigen. Diese kann für den Menschen erheblich drastischere Auswirkungen als nur einige Einbußen bei den Erträgen der allgemeinen Fischerei haben. Dabei wird insbesondere das Risiko von Unwettern, Sturmfluten und Überschwemmungen an den europäischen Küsten in nicht allzu ferner Zeit dramatisch anwachsen.

Rechts: Jungtier von etwa einem Zentimeter Größe. Dieses ist weißgefleckt und tarnt sich so zwischen den Seepocken der Buhnen.

Hier ein getrocknetes Exemplar der Pazifischen Uferkrabbe.

Vorkommen in Norddeich: Im Hafen und an Buhnen, manchmal auch im Watt des Badestrandes oder in Prielen. April bis November.

Wollhandkrabbe, *Eriocheir sinensis*   (H. Milne Edwards, 1853)

Die **Chinesische Wollhandkrabbe** wurde im Jahre 1912 erstmalig in der Aller gefangen. Sie wurde durch Schiffe in unsere Gewässer verschleppt und muss damit zu den als Neozooen definierten Tierarten gerechnet werden. Die Wollhandkrabbe kommt ursprünglich aus China, von wo sie wahrscheinlich in larvaler Form mit dem Ballastwasser von Schiffen eingeschleppt wurde. Als Jungtiere leben sie in Flüssen und Süßgewässern, doch um sich vermehren zu können, wandern sie als geschlechtsreife Tiere in großen Scharen wieder zurück ins Meer. Dabei wandern sie hunderte Kilometer stromaufwärts und nutzen wahrscheinlich auch Schiffe, um entlegene Gewässer zu erreichen. In einigen Flüssen, wie etwa der Elbe oder der Aller sitzen die Tiere dann in dicken Schichten übereinander auf dem Grund der Flüsse. Inzwischen haben sie sogar bereits den Bodensee erreicht. Breiteten sie sich zunächst durch die Nordsee in den nordeuropäischen Raum aus, haben sie nun also auch die meisten größeren weit vom Meer abgelegenen Binnengewässer besiedelt. Wollhandkrabben sind eine begehrte Delikatesse - in China - und in unseren Flüssen und Seen eine ernstzunehmende Bedrohung für unsere einheimische Fauna. Findige Unternehmer haben bereits damit begonnen, Wollhandkrabben nach China zu exportieren, da diese dort inzwischen überfischt wurden. Außerdem durchgraben Wollhandkrabben Dämme und Deiche, was eine ernsthafte Bedrohung für Menschen in sturmflutgefährdeten Gebieten darstellt. Sogar Angler hassen sie, weil sie ihnen die Köder vom Haken stehlen, Fischbruten schädigen und Fischreusen leer plündern. Um die Krabbenplage etwas einzudämmen, werden neuerdings an Staustufen und Wehren inzwischen mechanische Schredder angebaut, um Wollhandkrabben beim Überklettern der Wehre klein zu häckseln. Eine Methode, die jedoch nur größeren Exemplare aussortieren kann. Wollhandkrabben im Aquarium zu halten ist grundsätzlich möglich, aber es ist eine Herausforderung für den Pfleger, sie ausbruchssicher unterzubringen. Sie können unbeschwerte Deckscheiben anheben und ohne Probleme durch kleinste Ritzen und Spalten entkommen. Diese Eigenschaft verdanken sie der Tatsache, dass sie wie die Japanische Uferkrabbe ebenfalls zur **Familie der Renn- und Uferkrabben**, nämlich den *Grapsidae* gehören. Die Mitglieder dieser Krebsfamilie sind nämlich darauf spezialisiert, ihren Feinden stets dadurch zu entkommen, dass sie sich immer sehr rasch in enge Spalten und Ritzen flüchten können. In Europa kann man die Angehörigen dieser Familie natürlicherweise am Mittelmeer finden, wo sie ein eher unauffälliges und harmloses Dasein zwischen den Klippen der Felsenküsten führen. In Norddeich kann man die Chinesische Wollhandkrabbe nur selten im Hafen auffinden. Das legt die Vermutung nahe, dass auch Wollhandkrabben schlickige und dreckige Lebensräume nicht bevorzugen. Oder dass sie inzwischen selbst von den kleineren eingeschleppten Arten der **Gattung *Hemigrapsus*** verdrängt werden. Das wiederum würde ein echtes Kuriosum darstellen, wenn eine Neozooe von der anderen aus dem neu gewonnenen Habitat abgedrängt würde. Allerdings wird das die Population der Wollhandkrabben nicht ernsthaft gefährden, weil die Krabben der **Gattung *Hemigrapsus*** den größten Teil ihres Lebens im Meer- und Brackwasser verbringen, aber der Wollhandkrabbe nicht bei ihren Wanderungen ins reine Süßwasser der Flüsse folgen können.

Vorkommen in Norddeich: An Buhnen, im Hafen. Auch in inlandig gelegenen Gräben und Gewässern in Süß- und Brackwasser. Im Meer von April bis Oktober.

Japanische Uferkrabbe, *Hemigrapsus penicillatus* (De Haan, 1835)

Die **Japanische Uferkrabbe** wurde durch Schiffe aus Japan nach Europa eingeschleppt. Von Rotterdam aus verbreitete sie sich über die Küsten der Nordsee und dringt immer weiter in den Norden vor. Wie die Wollhandkrabbe gehört sie zur Familie der Renn- und Uferkrabben, den *Grapsidae*. Von der **Wollhandkrabbe *Eriocheir sinensis*** kann man sie leicht unterscheiden, da sie mit einer Carapaxlänge von etwa 2cm erheblich kleiner bleibt, und zwischen den Augen nur eine glatte Stirnkante besitzt, während die Wollhandkrabbe hier drei spitze Zacken hat. Zwischen den Scherengelenken hat diese Krabbe auch nur kleine Haarbüschel, während die Wollhandkrabbe fast auf der gesamten Scherenfläche außen ein erheblich größeres Haarbüschel besitzt. Außerdem wird die Wollhandkrabbe erheblich größer. Sie verdrängt nachweislich unsere einheimische **Strandkrabbe *Carcinus maenas***. Aufgrund der geringen Größe der adulten Japanischen Uferkrabbe muss man eher davon ausgehen, dass bereits die Larven dieser Spezies die Larven der Strandkrabben dezimieren. Dieses ist bisher nur eine Hypothese, die noch wissenschaftlich bewiesen werden muss. Welche Auswirkungen die Einschleppung dieser Art auf das gesamte Ökosystem haben wird, kann man zurzeit noch nicht einschätzen. Diese Krabbe aus der Gattung *Hemigrapsus* wurde inzwischen durch die ebenfalls eingeschleppte **Pazifische Uferkrabbe *Hemigrapsus sanguineus*** etwas zurückgedrängt. Von den Krabbenfängern werden diese Arten nicht als Beifang mitgefangen, weil sie harte Substrate oder Muschelbänke als Habitat bevorzugen, wo keine Fischerei betrieben werden kann. Man kann diese Krabben vor allem im Sommer in rauen Unmengen unter den Steinen der Buhnen oder zwischen Beständen der ebenfalls eingeschleppten **Pazifischen Riesenauster *Crassostrea gigas*** auffinden. Diese Krabben erwiesen sich bei Zimmertemperatur als gut haltbar. Sie fressen sehr gerne Algen, aber auch Aas.

Vorkommen in Norddeich: Im Hafen und an Buhnen, manchmal auch im Watt des Badestrandes oder in Prielen. April bis November.

Infraordnung *Anomura* - Mittelkrebse

Die so genannten **Mittelkrebse** umfassen so verschiedene Tiere wie Einsiedlerkrebse, Steinkrabben und Porzellankrebse. Ihnen allen gemeinsam ist es, dass mindestens das letzte ihrer fünf Beinpaare stark verkümmert ist, und meist unter den Körper geklappt wird. Bei den Einsiedlerkrebsen sind sogar die letzten beiden Beinpaare bis auf kleine Stummel reduziert worden. Außerdem ist der Hinterleib der Einsiedler weich und ungepanzert sowie nach rechts gedreht, so dass er problemlos in einem Schneckenhaus untergebracht werden kann. Die kleineren Arten der Mittelkrebse sind für die kommerzielle Fischerei nicht interessant und deshalb auch nicht in ihrem Bestand bedroht. Manche Arten, wie z.B. die Einsiedlerkrebse, profitieren sogar von der Fischerei, da sie tote Beifangtiere als Nahrung verwerten. Allerdings hat die Verschleppung von Arten, wie z.B. die der **Königskrabbe** *Paralithodes camtschaticus* aus dem Nordpazifik in die nördliche Nordsee, Auswirkungen auf das Ökosystem und die damit verbundene Fischereiwirtschaft, die noch nicht ganz absehbar sind. Zwar wird diese Krabbe schon kommerziell befischt, um durch den Export in ihre Ursprungsgebiete die dortige Überfischungssituation etwas auszugleichen, doch reicht diese Befischung noch nicht aus, um der Plage Herr zu werden. Glücklicherweise sind diese Tiere ausgesprochene Kaltwasserbewohner, so dass sie sich nicht allzu weit nach Süden ausbreiten werden. Sollte die allgemeine Klimaerwärmung weiter fortschreiten, könnte das eines Tages in der Nordsee das Aus für diese kälteliebenden Mittelkrebse bedeuten, da sie sich nur bei niedrigen Temperaturen wirklich wohl fühlen und zur Fortpflanzung schreiten. Des Weiteren tolerieren die marinen Mittelkrebse ganz allgemein auf Dauer keine geringen Salzgehalte, weshalb sie in der südlichen Ostsee nicht mehr vorkommen. Nur sehr wenige Arten dieser Ordnung leben regulär im Süßwasser. In letzter Zeit dringen auch mediterrane Arten, wie etwa der nur 1,5cm große **Zwergeinsiedler** *Diogenes pugilator* immer weiter nach Norden vor. Diese wärmeliebende Art wurde bisher eher sporadisch vor der belgischen und der niederländischen Küste gefunden, taucht jetzt aber auch schon vor der deutschen Küste auf. Solche Arten sollten als Indikatororganismen der fortschreitenden Klimaerwärmung einem sorgfältigen Monitoring unterzogen werden. Im warmen Sommer des Jahres 2014 waren die Zwergeinsiedler in großen Mengen auf der Insel Norderney zu finden, die Norddeich vorgelagert ist.

Rechts:
Der Zwergeinsiedler *Diogenes pugilator* **gehört eigentlich in den Ärmelkanal oder ins Mittelmeer…**

Gemeiner Einsiedlerkrebs, *Pagurus bernhardus* (Linnaeus, 1758)

Gemeiner Einsiedlerkrebs. Das Schneckengehäuse ist hier mit dem Stachelpolypen *Hydractinia echinata* bewachsen.

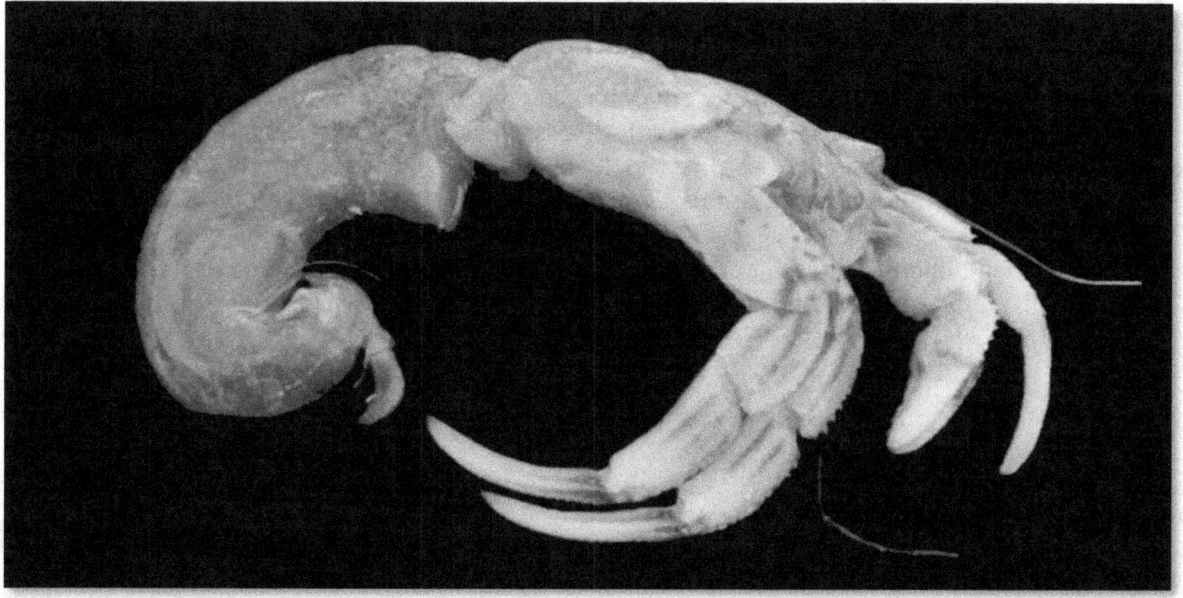

Gemeiner Einsiedler ohne Schneckenhaus. Mit den hinteren Beinpaaren klammert sich der Einsiedler im Gehäuse fest.

Der **Gemeine Einsiedlerkrebs** lebt in Schneckenhäusern, um seinen ungepanzerten weichen Hinterleib gegen Fressfeinde zu schützen. Dabei ist sein Hinterleib rechts gedreht, so dass er exakt in die Windungen des Schneckenhauses passt. Unverwechselbar machen diese Art ihre grünen Augen. Einsiedlerkrebse können eine Gesamtkörperlänge von etwa 10cm erreichen. Manchmal kann man bei Ebbe in den Prielen und Pfützen im Watt große Mengen kleiner Einsiedlerkrebse finden, die nur etwa 1cm groß sind und in den Gehäusen der **Strandschnecke *Littorina littorea*** spazieren gehen. Im Watt der Inseln und Halligen kann man mit etwas Glück auch etwas größere Einsiedler finden, die dann bereits die Gehäuse der **Nabelschnecke *Natica catena*** oder kleine Gehäuse der **Wellhornschnecke *Buccinum undatum*** mit sich herumtragen. Insbesondere letztere sind häufig mit dem **Stachelpolypen *Hydractinia echinata*** bewachsen. Lebende Stachelpolypen sehen leuchtend violett aus, während abgestorbene Skelette des Polypen eher bräunlich aussehen. Einsiedlerkrebse häuten sich wie andere Krebse, haben aber dann und wann ein besonderes Problem: Weil ihr Schneckenhaus nicht mitwächst, müssen sie in ein größeres umziehen. Da größere Gehäuse in Ufernähe nicht verfügbar sind, findet man größere Einsiedlerkrebse meistens unterhalb der Gezeitenmarke. Die größten findet man gewöhnlich ab 10m Tiefe. Kleine Einsiedler sind vor allem von April bis September in Küstennähe zu finden; im Winter ziehen sie in tieferes Wasser. Einsiedler lassen sich einzeln gut im Aquarium halten und benötigen bereits nach einem Jahr mindestens ein mittelgroßes Wellhornschneckengehäuse. Mehrere Einsiedler dieser Art sind untereinander unverträglich, weil sie sich dauernd um die Schneckenhäuser streiten. Bei der Haltung mehrerer Einsiedler in einem Aquarium bleibt gewöhnlich der stärkste übrig. Man kann Einsiedler zusammen mit anderen Nordseetieren ähnlicher Größe halten, sollte aber immer bedenken, dass sie alles erbeuten könnten, was krank oder zu langsam ist. Einsiedlerkrebse verlassen ihre Schneckengehäuse freiwillig nur dann, wenn sie an Sauerstoffmangel leiden, oder wenn sie umziehen müssen. Jeder Versuch, einen gesunden Einsiedlerkrebs aus dem Gehäuse zu ziehen, endet für den Krebs tödlich, da er sich eher den Hinterleib abreißen lässt, als aus dem Gehäuse zu kommen. Dieses sollte man unbedingt seinen Kindern sagen, wenn sie einen lebenden Einsiedler am Strand gefunden haben sollten. In der Angelliteratur habe ich den Hinweis gefunden, dass Meeresangler Einsiedlerkrebse ohne Gehäuse gelegentlich auch als Köder verwenden. Dabei muss der Einsiedler jedoch sehr vorsichtig auf den Haken gezogen werden, da sein Hinterleib sonst sehr schnell zerreißt und sich der Inhalt des Hinterleibssacks sehr schnell verflüssigt. Dass man für diesen Zweck nur tote Einsiedlerkrebse verwendet, sollte selbstverständlich sein. **Symbiosen:** Manchmal leben Einsiedlerkrebse zusammen mit **Aktinien** oder dem **Stachelpolypen *Hydractinia echinata***, um sich durch deren Nesselgifte gegen Feinde zu schützen. Die Aktinien wiederum profitieren von den Futterresten des Krebses. Solche Symbiosetiere in einem Aquarium zu pflegen ist sehr reizvoll, weil die Symbiosebeziehung der Tiere über Jahre beobachtet und studiert werden kann.

Vorkommen in Norddeich: Am Badestrand, im Watt. April bis Oktober. Leider sehr selten! Innerhalb von vier Jahren fand ich nur ein einziges Exemplar am Badestrand auf, und zwar im Oktober 2014. Dieses war noch juvenil und hatte das Haus einer Strandschnecke in Besitz genommen. Immerhin. Ein Hoffnungszeichen?

Stamm *Annelida* - Ringelwürmer

Die **Ringelwürmer** der Nordsee sind eine sehr vielgestaltige Tiergruppe, die unterschiedlichste Lebensräume erschlossen hat. Dabei haben sie diverse Anpassungsmechanismen entwickelt, um dem hohen Feinddruck, dem Rhythmus der Gezeiten, dem knappen Nahrungsangebot und extremen Schwankungen von Temperatur und Salinität standzuhalten. Zum Stamm der Ringelwürmer gehören Arten, die sich Röhren aus Sandkörnern und Schleim bauen ebenso wie Arten, die mit Borsten bedeckt sind und versteckt unter Steinen leben oder Arten, die in kleinen Kalkgehäusen leben. Ringelwürmer können häufig bereits im Gezeitenbereich unter Steinen oder im Watt gefunden werden, doch gibt es auch Arten, die erst unterhalb der Niedrigwasserlinie anzutreffen sind. Manche Arten halten sich ausgezeichnet im Aquarium, führen aber oft ein verborgenes Leben. Die meisten Ringelwürmer verwerten Detritus oder Kieselalgen und besetzen damit die ökologische Nische der Destruenten. Daher nehmen sie eine wichtige Schlüsselstellung im ökologischen Gesamtgefüge der Nordsee ein. Darüber hinaus dienen sie vielen auch kommerziell wichtigen Fischarten als Nahrung, weshalb sie auch gerne als Angelköder verwendet werden. Manche Arten besitzen viele Borsten als passiven Schutz gegen Fressfeinde, wobei die Borsten sehr leicht abbrechen und Hautreizungen beim Berühren des Wurmes verursachen können. Deshalb sollte man unbekannte Würmer nicht mit bloßen Fingern anfassen. Manche Arten besitzen sogar leichte Toxine, was dann zu Entzündungen und Hautrötungen führen kann. Viele Ringelwürmer, insbesondere die der **Gattungen *Neanthes*** und ***Phyllodoce***, besitzen starke Kiefer, mit denen sie auch richtig zubeißen können. Allerdings sind sie nicht stark genug, die menschliche Haut zu durchdringen, doch können sie schon einen unangenehmen "Zwicker" verursachen. Insbesondere die Würmer dieser Gattungen leben meist tagsüber versteckt unter Steinen oder in den Ritzen und Spalten zwischen Miesmuscheltrauben und kommen erst nachts aus ihren Verstecken. Dabei kann es vorkommen, dass sie frei im Wasser schwimmen. Von manchen Würmern kann man große Massenansammlungen im Flachwasser des Watts beobachten, wenn sie sich vermehren wollen und eine Massenhochzeit abhalten. Dann stellen sich auch zahllose Beutegreifer ein, vor allem Fische und Seevögel. Manche Seeringelwürmer sind während ihrer Paarungszeit sogar für den Menschen als Nahrung interessant, und werden dann gezielt eingesammelt, wie z.B. der tropische Paolo-Wurm. Andere Arten, wie etwa die Röhrenwürmer leben in selbstgebauten Röhren als Filtrierer und fischen mit ihren meist feinfiedrigen Tentakelkronen nach Plankton. Dabei gehen manche Arten lose Partnerschaften mit anderen Tieren, wie etwa Krebsen oder Muscheln ein, und nutzen deren hartschalige Gehäuse als Siedlungssubstrate. Dabei handelt es sich jedoch meist nicht um eine wechselseitige Beziehung, von der jeder Partner profitiert, sondern nur um einen Kommensalismus, bei dem der Wurm den Wirt nicht schädigt oder beeinträchtigt. Es gibt jedoch auch echte und enge Symbiosebeziehungen, bei denen der Ringelwurm ohne seinen Wirt nicht mehr existieren kann. Ein Beispiel hierfür wäre die Beziehung des **Kiemenwurms *Histriobdella homari*** zum **Europäischen Hummer *Homarus gammarus***. Ringelwürmer als Art genau zu bestimmen, kann in einigen Fällen sehr schwierig sein, da es eine echte Geduldsarbeit ist, ihre Körperringe zu zählen und mit einer Lupe ihren Kopf und ihre Fresswerkzeuge zu begutachten. Weitere Artmerkmale sind die hinteren Körperanhängsel, die man auch als Aftercirren bezeichnet, sowie die Beschaffenheit ihrer Füße, denn manche Arten, wie etwa die Angehörigen der Gattung ***Phyllodoce*** besitzen richtige kleine Schwimmfüßchen. In Aquarien werden Ringelwürmer eher zufällig mit Muscheltrauben und Algen eingeschleppt. Dort führen sie dann meist ein verborgenes, aber nützliches Leben, da sie Futterreste und abgestorbene andere Tiere zersetzen und verwerten. Allerdings können manche Ringelwürmer auch schädliche Räuber sein, die sich an anderen

Wirbellosen vergreifen, und dieses Geschäft vorzugsweise im Dunkeln betreiben. Manche Arten werden recht groß, und es ist sehr wahrscheinlich, dass sie mehrere Jahre alt werden können. Zu diesen Arten gehört auch der mit einer Länge von bis 20 Zentimetern relativ groß werdende **Borstenwurm** *Nephthys hombergii*, der hin und wieder sporadisch an unserer Küste auftaucht. Solche Würmer gehören zu den Wärme liebenden Arten, die sich unter günstigen warmen Bedingungen gut vermehren und in unseren Gewässern halten können. An ihnen kann man die Erwärmung der Nordsee und die Änderung des Klimas gut studieren, und eine Zunahme ihrer Bestände ist als bedenklich anzusehen. Deshalb sollten insbesondere solche Arten einem ständigen Monitoring der zuständigen Nationalparkverwaltungen unterzogen werden; auch würde es Sinn machen, Bestandszunahmen und Abnahmen solcher Ringelwürmer durch Zählungen an bestimmten Fangplätzen in einen direkten Zusammenhang mit den dort vorkommenden wirtschaftlich wichtigen Fischarten zu stellen. Dadurch können wichtige ökologische Zusammenhänge in den Zusammenhang mit der fortschreitenden Klimaänderung und Umweltverschmutzung gestellt werden, so dass man Programme für Gegenmaßnahmen entwickeln kann. Das massenhafte Auftreten von Borstenwürmern dokumentiert an manchen Plätzen die starke Kontamination des Meeresbodens mit Umweltgiften und Abfällen aller Art, da andere Tierarten unter solchen Bedingungen nicht mehr überleben können. Deshalb sind Massenvermehrungen der Würmer sehr problematisch.

Der grünliche Klumpen ist die Eitraube eines Seeringelwurms(März bis Mai).

Schillernder Seeringelwurm, *Hediste diversicolor* (O.F. Müller, 1776)

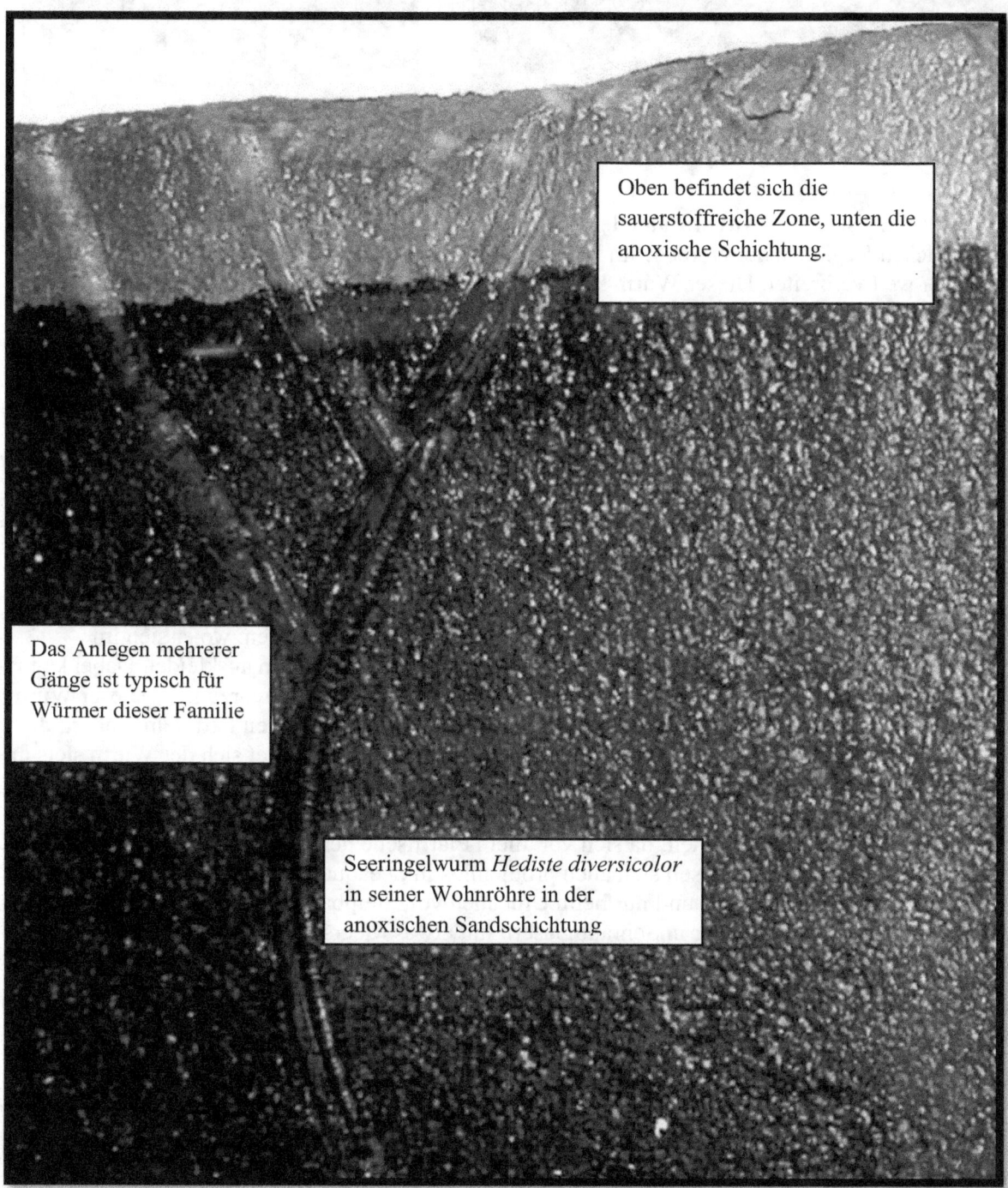

Typische Wohnröhre des Schillernden Seeringelwurms.

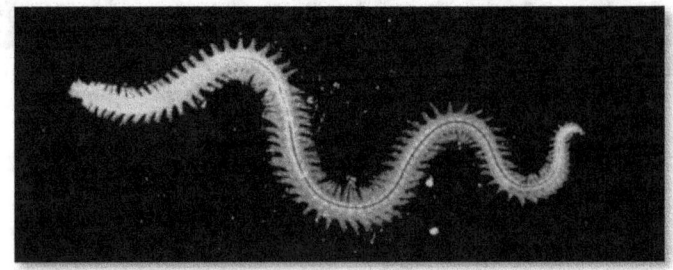 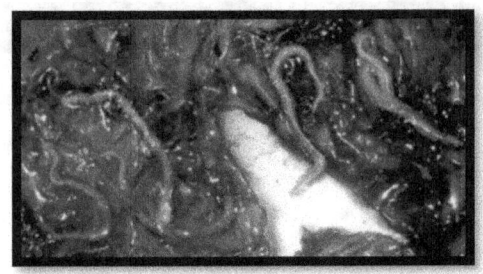

Der **Schillernde Seeringelwurm** ist an den europäischen Küsten weit verbreitet, und ist von den nordwestlichen Regionen der Nordsee im Norden auch in der Ostsee, im Ärmelkanal und im Mittelmeer weit verbreitet. Dieser Wurm kann Längen von 10 bis 15cm Länge erreichen, wobei er sich aufgrund seiner Anatomie wie eine Ziehharmonika ausstrecken und wieder zusammenziehen kann. Man findet diesen Wurm auch im Brackwasser mit geringen Salzgehalten oder in stark von Abwässern belasteten Habitaten. Der Schillernde Seeringelwurm weist 90 bis 120 Körpersegmente auf, von denen er die letzten Glieder seines Körpers bei Verlust auch regenerieren kann. Die Färbung dieses Wurmes ist sehr variabel und kann von bräunlich, grünlich oder gelblich bis zu orangefarben reichen, wobei der rote Rückenstrich immer deutlich zu sehen ist. Dieser Rückenstrich stellt das System der Blutgefäße des Wurmes dar, also gewissermaßen seine Hauptschlagader. Weitere charakteristische Merkmale dieses Wurmes sind die 2 kurzen Antennen am Kopf des Tieres und die vierpaarigen Tentakelcirren beiderseits des Kopfes. Darüber hinaus hat dieser Wurm einen Saugrüssel mit starken schwarzen Kiefern. Der Schillernde Seeringelwurm hat gut ausgeprägte Ruder mit langen Borsten an den Körperseiten und besitzt am Ende seines Körpers zwei lange Aftercirren. Man findet den Schillernden Seeringelwurm meist unter Steinen, wo er sich im blauschwarzen anaeroben Sediment Gangsysteme gräbt, die er mit Schleim auskleidet. Dabei kann er bis in 30cm Tiefe vordringen, wobei er vor allem schlickige Habitate bevorzugt. Dieser Wurm ist ein Detritusfresser, der sich von Kieselalgen, Kleintieren und organischen Partikeln ernährt, die in die Trichter seiner Wohnröhre rutschen. Auch bei Niedrigwasser befindet sich der Wurm stets in seiner Wohnröhre und fällt niemals richtig trocken. Der Schillernde Seeringelwurm ist durch diese Strategie für hungrige Seevögel während der Ebbe kaum zu erbeuten, doch wird er von Anglern gerne als Angelköder eingesammelt, da sich vor allem Plattfische hervorragend damit fangen lassen. Schillernde Seeringelwürmer lassen sich auch problemlos in Seeaquarien halten, wo sie jedoch ein stets verborgenes Dasein führen, und nur beim Umbauen von Steinbauten wieder gefunden werden können. Man kann diese Würmer in Schraubgläsern mit etwas Meersalat und Meerwasser tagelang im Kühlschrank aufbewahren, um sie als Köder frisch zu halten. Gelegentlich werden solche Würmer auch in feuchtem Zeitungspapier eingepackt als lebende Köder verkauft. Speziell der Schillernde Seeringelwurm ist verhältnismäßig einfach nachzuzüchten, so dass er in England und den Niederlanden kommerziell in Farmen vermehrt wird. Die Würmer werden dann als Angelköder oder auch als Studienobjekte für die Erforschung der Physiologie mariner Wirbelloser vermarktet.

Vorkommen in Norddeich: Hafen, Schlickwatt, Hundestrand. Auch unter Steinen. Ganzjährig auffindbar. Eine extrem schmutzresistente Art, deren Vorhandensein in größerer Zahl auf allgemein schlechte Umweltbedingungen hinweist!

Wattwurm, *Arenicola marina* (Linnaeus, 1758)

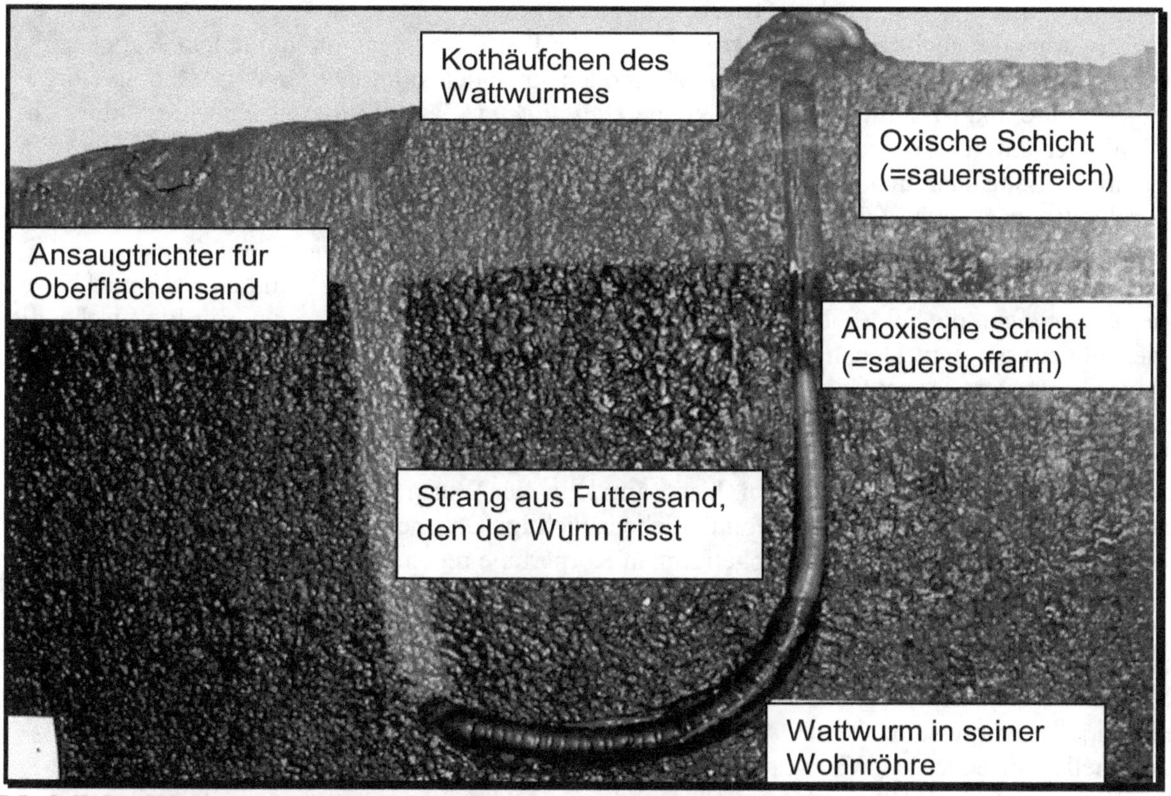

Modell des Wattwurms und der Funktionsweise seiner Wohnröhre.

Kothaufen von Wattwürmern im Schlickwatt.

Wattwürmer erreichen eine Gesamtlänge von bis zu zwanzig Zentimetern. Man findet den Wattwurm vor allem in den Gezeitengebieten der südlichen britischen Küsten, des Ärmelkanals, der Nordsee und auch in der westlichen Ostsee.

Der Wattwurm oder auch **Sandpierwurm** ist eines der Tiere, die man wohl bei jedem Wetter bei Spaziergängen auf dem trocken gefallenen Wattboden auffinden kann. Dieser Wurm lebt in einer J-förmigen Röhre und frisst mikroskopisch kleine *Diatomeen* (**Kieselalgen**) und Sinkstoffe, die sich im Wattboden anreichern.

Während der Ebbe kann man häufig seine kringelförmigen Kothaufen finden, die aus wieder ausgeschiedenem Sand bestehen. Denn der Sandpierwurm frisst einfach den Sand, in dem er lebt, verdaut die darin lebenden Feinstpartikel und scheidet den Rest einfach wieder aus.

Dabei lebt er nicht ganz ungefährlich, denn die Körperringe seines Körpers sind eine schmackhafte Beute für Seevögel, die bei Ebbe den Wattboden nach Fressbarem absuchen, und für Plattfische, die mit der Flut auf die Wattflächen vordringen und hier auf die Jagd gehen.

Doch der Wattwurm hat natürlich vorgesorgt. Er kann nämlich durch Autotomie einzelne Segmente seines Körperendes an gewissen Sollbruchstellen einfach absprengen, wenn er gebissen wird. Mit der Abtrennung des Segmentes werden sofort die entsprechenden Nerven und Blutbahnen getrennt, so dass der Wurm nicht verbluten kann. Insgesamt kann der Wurm diese Übung 78-mal wiederholen, ohne dass von der Abtrennung lebenswichtige Organe betroffen sind.

Selbstverständlich kann er auch die abgetrennten Körperteile regenerieren.

Wird der Wattwurm durch ungünstige Strömungsverhältnisse oder Abbruchkanten in den Prielen des Watts unfreiwillig an die Oberfläche befördert, versucht er, sich schnellstmöglich wieder einzugraben, da es im Watt viele Beutegreifer gibt, die auf solche Zwischenmahlzeiten lauern.

Wattwürmer haben eine braunschwarze Grundfärbung und leuchtend rote Kiemenbüschel, die paarig an jeder Körperseite sitzen.

Traditionellerweise werden Wattwürmer im Watt von der einheimischen Bevölkerung mit dem Dreizackspaten aus dem Wattboden geholt, und dann als Angelköder verwendet. Wattwürmer können etwa 20 Zentimeter tief in den Wattboden vordringen und erreichen in dieser Tiefe bereits die anaerobe sauerstofffreie Zone. Deshalb müssen sie stets ihre Wohnröhre so pflegen, dass genug sauerstoffreiches Wasser von der Oberfläche die Wohnröhre durchspült.

Wattwürmer lassen sich eine gewisse Zeit lang gut in einem Seewasseraquarium bei Zimmertemperatur halten. Ihre kringeligen Kothaufen produzieren sie auch unter Wasser, so dass man zumindest durch diese Relikte das Vorhandensein dieser Würmer unschwer erkennen kann. Allerdings ist zurzeit noch nicht wirklich möglich, solche Würmer über mehrere Jahre am Leben zu erhalten, weil sie auf bestimmte mikroskopisch kleine Algen angewiesen sind, die sich in einem Aquarium ohne echtes Sonnenlicht kaum halten lassen.

Im Watt selbst machen vor allem Plattfische Jagd auf die Hinterenden der Würmer, wenn diese sich an die Oberfläche schieben, um den verdauten Sand auszuscheiden.

Vorkommen in Norddeich: Im Watt ab Badestrand. Ganzjährig auffindbar. Selbst im Winter kann man noch Wattwürmer ausgraben, doch kann es sein, dass sie sich dann deutlich tiefer eingraben als im Sommer.

Klasse *Gastropoda* – *Schnecken*

Die **Klasse** der **Schnecken** umfasst weltweit betrachtet sehr viele Arten, von denen jedoch die meisten in den tropischen Meeren leben, wo sie ihre größte Vielfalt und Farbenpracht erreicht haben. In den nördlichen Meeren leben verhältnismäßig wenige Arten, die leider nur selten leuchtende Farben zeigen. Doch gibt es auch hier einige hübsche Ausnahmen, da es von manchen Arten auch bunte Varianten gibt. So gibt es beispielsweise auch rote und gelbe Strandschnecken, und die Gehäuse der Kreiselschnecken sind generell etwas bunter als die anderer nordischer Tierarten. Wenn man das Wort *Gastropoda* aus dem Griechischen wörtlich übersetzt, so bedeutet dieses eigentlich **„Magenfüßer"**. Damit wird angedeutet, dass Schnecken so strukturiert sind, dass ihre empfindlichen Innereien direkt über ihrem weichen Fußgewebe liegen, auf dem sie kriechen. Dieser weiche „Fuß" kann sich ganz exakt dem Untergrund angleichen, so dass eine Schnecke sowohl auf einem weichen, wie auch auf einem harten oder stark strukturierten Boden Halt finden kann. Dabei können manche Schnecken sehr starke Adhäsionskräfte entwickeln, die es fast unmöglich machen, sie ohne Beschädigung vom Substrat abzulösen. Zu den stärksten Schnecken dieser Fraktion gehört hier sicherlich die Gruppe der Napfschnecken, die von den Delikatessensammlern mit starken Messern oder Brecheisen von den Felsen abgelöst werden. Viele Schnecken sind reine Vegetarier, die ausschließlich die dünnen Algenfilme von den Felsen weiden, doch gibt es unter den Schnecken auch einige Räuber, Aasfresser und sogar Filtrierer, wobei die letzteren nur sehr schwierig im Aquarium am Leben erhalten werden können. Fast alle marinen Schnecken vermehren sich, in dem sie Eier und Spermien ins Meerwasser abgeben, aus denen sich die Jungschnecken über mehrere Larvenstadien, die zunächst im Plankton treiben, entwickeln. Es gibt jedoch auch einige Arten, die große Eiklumpen am Meeresgrund ablegen, aus denen sich einige wenige Junge entwickeln. Bei der räuberischen **Wellhornschnecke *Buccinum undatum*** verhält es sich dabei so, dass die zuerst schlüpfenden Jungtiere ihre noch nicht geschlüpften Geschwister fressen, so dass sich aus einem Klumpen mit vielleicht zweihundert Eiern nur etwa ein gutes Dutzend Jungschnecken entwickelt. Diese Vermehrungsstrategie mag für eine Raubschnecke unter natürlichen Bedingungen ausreichend für die Arterhaltung sein, doch sind gerade die Bestände der Wellhornschnecke durch menschliches Eingreifen der chemischen Art in manchen Teilen der Nordsee bereits so stark rückläufig, dass den Tieren nun auch noch ihre eigene Vermehrungsstrategie zum Verhängnis wird. Positive Meldungen von Forschungsschiffen, die behaupten, immer noch eine hohe biologische Diversität in der Nordsee nachweisen zu können, sollten immer mit etwas Skepsis betrachtet werden, da sich dahinter auch häufig die Einschleppung neuer Tierarten aus anderen Erdteilen verbirgt, die unsere endemischen Arten gefährdet. In sehr seltenen Fällen vermehren sich marine Schnecken auch durch die Strategie des Lebendgebärens, wie dieses dem Biologen in klassischer Weise von der **Sumpfdeckelschnecke *Viviparus viviparus*** bekannt ist. Diese Schnecke ist jedoch kein reiner Süßwasserbewohner, da sie auch ins Brackwasser eindringt und geringe Salzgehalte tolerieren kann. Daher kann man sie auch in küstennahen Sielen, Gräben und in der Ostsee finden. Lebendgebärende Arten produzieren meist nur verhältnismäßig wenige Jungtiere, die dafür aber als vollkommen entwickelte Miniaturausgaben ihrer Eltern geboren werden und sofort selbstständig leben können. Selbstverständlich kann man diese Lebendgeburt nicht mit welcher der Säugetiere vergleichen, da die Jungschnecken im Körper des Weibchens in Eiern heranreifen. Bevor sie zur Welt kommen, schlüpfen sie als fertige Jungtiere im Leib der Mutter aus den Eiern und werden dann vom Muttertier „geboren". Schneckengehäuse der Arten, die größere Tiefen bevorzugen, kann man leider nur selten nach Sturmfluten am Strand finden, doch werden von den Krabbenkuttern manchmal auch solche Gehäuse mit gefangen, wenn in mehr als 5 Metern Wassertiefe gefischt wurde.

Auch kann man die Gehäuse mancher tiefer lebender Arten im Sommer während der Ebbe im Flachwasserbereich auffinden, wenn sie von juvenilen Einsiedlerkrebsen dorthin geschleppt wurden. Zu diesen Schnecken gehören Arten wie die **Turmschnecke *Turritella communis*,** die **Nabelschnecke *Euspira catena*,** die **Wendeltreppenschnecke *Epitonium clathrus*** oder die **Netzreusenschnecke *Nassarius reticulatus*.** Beim Sammeln solcher Gehäuse sollte man deshalb darauf achten, dass sie keine Einsiedlerkrebse mehr enthalten, da es sonst zu unangenehm riechenden Überraschungen kommen kann. Unter den Schneckenarten der Nordsee befinden sich auch einige Rekordhalter im Tierreich, deren Rekorde jedoch bisher weitgehend unbekannt geblieben sind. So gehört beispielsweise die nur wenige Millimeter große **Wattschnecke *Hydrobia ulvae*** zu den schnellsten Schneckenarten weltweit, denn sie kann sich mit der Gezeitenströmung mit einer Geschwindigkeit von bis 7 Stundenkilometern fortbewegen. Gleichzeitig hat diese Schnecke wohl auch den Rekord als häufigste Schnecke des Watts gebucht, da auf einem Quadratmeter Watt bis zu einer Million Exemplare gefunden werden können. Weniger Farbenpracht gleichen die in der Nordsee vorkommenden Schneckenarten durch Vielgestaltigkeit und eine von Art zu Art sehr unterschiedliche, faszinierende Lebensweise wieder aus. Es macht viel Freude, sich nicht nur mit dem Sammeln ihrer Gehäuse, sondern auch mit der Beobachtung lebender Tiere zu beschäftigen. Auch sind die ökologischen Beziehungen, in denen die Schnecken mit anderen marinen Organismen stehen, ein weites und häufig noch unerforschtes Betätigungsfeld für den Biologen oder Hobbyforscher. Denn viele Zusammenhänge und Wechselbeziehungen sind bisher weder bekannt, noch ausreichend erforscht worden. Es ist als sehr bedenklich anzusehen, wenn eigentlich häufige

Arten wie die Wellhornschnecke auf dem Rückzug sind und eine Lücke hinterlassen, von der man sich noch gar nicht vorstellen kann, wer diese künftig schließen wird. Denn ein Wegfallen eines Gliedes der Nahrungskette kann fatale Auswirkungen für das gesamte Ökosystem der Nordsee nach sich ziehen, bei dem dann auch andere Glieder ausfallen oder abwandern. Der Mensch bemerkt diese Zusammenhänge leider meist erst dann, wenn es zu spät ist, und ganze Fischereizweige scheinbar wie aus heiterem Himmel zu kollabieren beginnen. Deshalb ist es leider ganz und gar nicht unwichtig, ob Arten verschwinden oder selten werden, und es sollte hierfür ein entsprechendes Monitoring seitens der verantwortlichen Stellen eingerichtet werden, um aufgrund von Frühwarnungen handeln zu können, ehe es zu spät ist...

Wellhornschnecke, *Buccinum undatum*, Linnaeus, 1758

Die **Wellhornschnecke** sollte eigentlich die häufigste Raubschnecke der Nordsee sein, doch ist sie in Teilen der Nordsee bereits ausgestorben. Sie ist weit verbreitet und auch an der nördlichen amerikanischen Ostküste zu finden, so dass die Art als solche noch nicht vom Aussterben bedroht ist. Muschelsammler berichten übereinstimmend, dass ihre Gehäuse auf den Muschelbänken in der südlichen Nordsee kaum noch gefunden werden können. Auch Kuttern gehen sie in der südlichen Nordsee immer seltener ins Netz. Doch wie kam es zu diesen dramatischen Bestandseinbrüchen einer eigentlich häufigen Art? In der Vergangenheit wurden Schiffsrümpfe mit einer giftigen Zinnverbindung, dem so genannten Tributylzinn(TBT), angestrichen, da dieses Gift die Ansiedlung von marinen Organismen auf dem Schiffsrumpf verhindern sollte. Dieses Antifoulingmittel hatte jedoch die Nebenwirkung, dass es für die am Meeresgrund lebenden Schnecken als Geschlechtshormon wirkt, und diese zu einer Geschlechtsumwandlung vom Weibchen zum Männchen stimuliert. Somit wachsen den weiblichen Schnecken plötzlich Penisse, was dazu führt, dass unfruchtbare Zwitter entstehen. Tierarten, die sich nicht mehr fortpflanzen können, sind dann leider zum Aussterben verurteilt. Auch andere Schneckenarten der Nordsee sind von dem gleichen Problem betroffen, und die ökologischen Folgen für das Nahrungsnetz in der Nordsee sind kaum abzuschätzen, wenn Arten plötzlich ganz ausfallen. So kann es beispielsweise auch passieren, dass Einsiedlerkrebse verschwinden, weil sie nicht mehr genügend Schneckenhäuser finden, oder dass Schnecken fressende Krebs- oder Fischarten abwandern, da sie keine Nahrung mehr finden. Das wiederum wird Auswirkungen auf die Fischereiwirtschaft haben, die bis jetzt noch nicht absehbar sind. Inzwischen wurde der Einsatz von Tributylzinn zwar verboten, doch hat sich die Substanz an vielen Stellen am Meeresboden abgelagert und es ist fraglich, ob sie hier überhaupt abgebaut werden kann. Insbesondere im Schlamm der Häfen mit Werftbetrieben ist diese Substanz in extrem hohen Konzentrationen nachweisbar*, und auch das Verbot ihres Einsatzes ändert leider nichts mehr an den bestehenden Zuständen. Ein klassisches Beispiel, wie man der vermeintlichen Schnelligkeit der Schiffe Tiere ohne Lobby opferte, um wirtschaftliche Vorteile gegenüber Mitbewerbern zu erlangen. Letztlich wird sich der Mensch mit dieser Verfahrensweise jedoch eher selbst schädigen, da die Zerstörung von marinen Ressourcen und Nahrungsketten ihm eines Tages selbst die Existenzgrundlage entziehen könnte.

Vorkommen in Norddeich: Grundsätzlich gar nicht, im Sommer können jedoch manchmal einzelne Laichballen am Badestrand aufgefunden werden. Woher diese stammen ist leider nicht bekannt. Auch Schalen toter Wellhornschnecken können leider nur selten bei Wattwanderungen gefunden werden.

---

* An manchen Plätzen, insbesondere Werfthäfen, wurden Konzentrationen gemessen, welche millionenfach über normal messbaren Referenzwerten lagen…

Pantoffelschnecke, *Crepidula fornicata,* (Linnaeus, 1758)

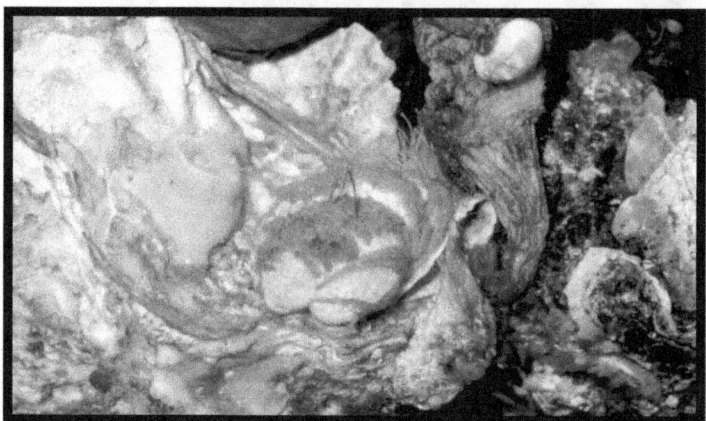

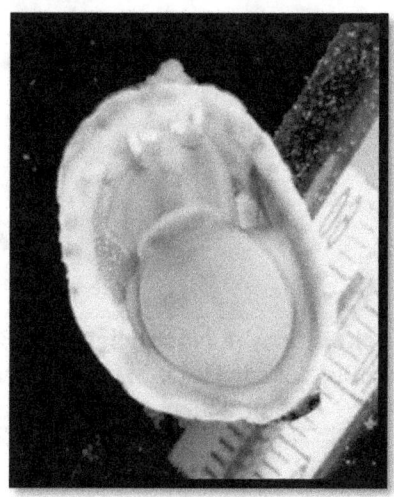

Eine Neozooe auf der anderen: Pantoffelschnecken auf Pazifischer Riesenauster.

Die **Pantoffelschnecke** gehört nicht zu den endemischen Schnecken der Nordsee, da sie erst vor einigen Jahrzehnten durch den allgemeinen Schiffsverkehr aus Übersee zu uns eingeschleppt wurde. Somit gehört sie zu den als Neozooen bezeichneten Tierarten, die seit dem Indexjahr 1492 durch den Menschen in andere Erdteile verbracht wurden. Glücklicherweise hatte ihr Auftauchen keine schädlichen Nebenwirkungen für unsere einheimische Meeresfauna. Pantoffelschnecken verdanken ihren Namen ihrer eigenartigen ovalen Gehäuseform, die nochmals eine weiße Innentasche aus Kalk enthält, hinter der sich das Weichtier an sein Gehäuse festheftet. Somit erinnert das leere Gehäuse dieser Schnecke tatsächlich an einen Pantoffel mit einem Hohlraum für den Fuß. Innen glänzt das Gehäuse rot-bräunlich perlmuttfarben. Pantoffelschnecken leben als Filtrierer, wobei sie Feinstpartikel aus dem Meerwasser filtern und diese dann als Nahrung verwerten. Doch scheinen sie darüber hinaus auch in der Lage zu sein, im Bedarfsfall Algenfilme von ihrem Untergrund abzuweiden. Allerdings bewegen sich Pantoffelschnecken nur sehr selten auf ihrem Untergrund fort. Auch sind sie nicht dazu in der Lage, sich selbstständig wieder umzudrehen, wenn sie vom Substrat abgerissen wurden, und auf dem Rücken zu liegen kommen. Daher saugen sie sich sehr fest auf ihrem jeweiligen Untergrund an, und können hier nur mit brachialer Gewalt abgerissen werden. Meistens klammern sie sich an Steine, Holzpfähle oder andere Muscheln an, wobei der Rand ihrer Gehäuse sich häufig den kleinen Unebenheiten des Bodens anpasst. Pantoffelschnecken sind Zwitter, die ihr Geschlecht im Laufe ihres Lebens umwandeln. Deshalb sitzen sie oft übereinander, um so gleichzeitig ihre verschiedenen Geschlechtsprodukte an das Wasser abgeben zu können. Dabei sitzen sie sogar für mehrere Jahre an der gleichen Stelle, was auf den unteren Schneckengehäusen sogar Abdrücke hinterlässt. Außerdem passen sie ihre Schalenränder der Wölbung des jeweiligen Untergrundes passgenau an. Daraus kann man unschwer folgern, dass Pantoffelschnecken im Grunde genommen sessile Tiere sind, die sich nur sehr ungern von einem einmal erschlossenen Substrat fortbewegen. Wegen ihrer sessilen Lebensweise und ihrer Ernährungsweise sind Pantoffelschnecken im Aquarium meist nicht lange haltbar. Dazu kommt noch, dass es problematisch ist, sie von einem Substrat unbeschädigt abzulösen. Denn eine Beschädigung der Weichteile kann diese Schnecke nicht regenerieren. Obwohl die Pantoffelschnecke eine eingeschleppte Art ist, scheint sie das Ökosystem der Nordsee eher positiv zu bereichern, da sie keine endemischen Arten verdrängt. So gesehen ist das ein Beispiel für eine gelungene Integration.

Vorkommen in Norddeich: An Buhnen, an Steinen, im Hafen. Auch an Muscheltrauben und Lahnungen aus Holz. Manchmal an den Schalen der Riesenauster *Crassostrea gigas* oder zwischen Miesmuscheltrauben. Ganzjährig auffindbar.

Strandschnecke, *Littorina littorea,* (Linnaeus, 1758)

Die **Strandschnecke** gehört zu den häufigsten Schnecken der Nordsee, und man kann sie bereits in der Spritzwasserzone finden. Sie bevölkert vorzugsweise Buhnen, Molen und feste Untergründe, auf denen sie Algen abweidet. Strandschnecken können sich diese exponierte Stellung über dem Wasser durchaus erlauben, denn sie besitzen ein bitter schmeckendes Fleisch, welches sogar die allgegenwärtigen Möwen verabscheuen. Sie sind an die größten Extreme angepasst, und können mehrere Wochen ohne Wasser überleben, in dem sie ihr Gehäuse mit ihrem Deckel dicht verschließen und sich so gegen die Austrocknung schützen. Auch überleben sie Hitze genauso wie große Kälte, da sie in ihrem Blut ein natürliches Frostschutzmittel haben, welches sie vor dem Einfrieren bewahrt. Lokal werden Strandschnecken auch vom Menschen gegessen, doch würde ich dieses für einen sehr zweifelhaften Genuss halten. Vor allem ist es nicht einfach, das Fleisch aus den kleinen Gehäusen zu entfernen. Strandschnecken sitzen oft in sehr großen Beständen auf Steinen und Wellenbrechern, so dass man sich beim Betreten der selbigen sehr in Acht nehmen muss, nicht auf den kugelförmigen Gehäusen der Schnecken auszurutschen. Mit etwas Glück kann man manchmal auch Strandschnecken mit rotem oder gelbem Gehäuse finden(siehe Foto oben). Diese Färbungsunterschiede können bei Schnecken durch das Abweiden von verschiedenen Algenarten auftreten. In Norddeich kann man diese farbigen Exemplare mit etwas Glück zwischen den Steinen der Uferbefestigung oder auf den Buhnen finden. Besonders bei Ebbe hat man hier gute Chancen, diese leuchtend gelben oder roten Farbtupfer zu finden.

Vorkommen in Norddeich: An Buhnen, an Steinen, im Hafen. Auch in Prielen und manchmal im Watt. Ganzjährig auffindbar.

Wattschnecke, *Hydrobia ulvae* (Pennant, 1777)

Die **Wattschnecke** ist eine sehr kleine, dafür aber sehr häufige Art des deutschen Wattenmeeres. Ansammlungen von bis zu einer Million Exemplaren pro Quadratmeter Watt sind belegt worden! Sie erreicht eine maximale Größe von nur etwa 5 Millimetern. Wattschnecken leben sowohl auf sandigen als auch auf schlickigen Wattflächen. Hier weiden sie die feinen braunen und grünen Beläge ab, die aus mikroskopisch kleinen Algen, den Diatomeen, bestehen. Da man diese Algenrasen aus Diatomeen in Aquarien nicht gut kultivieren kann, kann man Wattschnecken leider nicht lange am Leben erhalten. Wattschnecken sind dazu in der Lage, sich an der Unterseite einer Wasseroberfläche anzusaugen, um so neue Weidegründe zu erschließen. Dabei lassen sie sich auch gerne von den Wellen mit verdriften und könne mit dieser Methode „surfen", wobei sie eine Geschwindigkeit von bis zu 7 Stundenkilometern erreichen können. Damit dürften sie trotz ihrer Winzigkeit zu den schnellsten Schneckenarten der Welt gehören. Ihrerseits dienen Wattschnecken als Nahrung für Vögel, Garnelen, Krebse und diverse andere Tiere. Daher nehmen sie eine wichtige Schlüsselstellung in der Nahrungskette ein, bei der pflanzliche Nahrungsbestandteile und Vitamine in höherwertige Proteinnahrung für andere umgewandelt werden. Es gibt mehrere verschiedene Arten dieser Gattung im Watt, doch bleibt ihre genaue Unterscheidung versierten Spezialisten vorbehalten, welche den Gehäusen im Einzelfall mit der Klemmlupe zu Leibe rücken müssen. Eine mühsame Akribie, bei welcher der Nutzen wirklich fragwürdig ist.

Vorkommen in Norddeich: Im Watt und auch auf Schlickwatt. Ganzjährig.

Klasse *Polyplacophora* - Käferschnecken

Käferschnecken haben weder Fühler noch Augen; im Gegensatz zu allen anderen Schnecken besitzen sie aber ein aus mehreren Teilen bestehendes Gehäuse, welches aus lederartigen Platten besteht. Aufgrund dieser speziellen Merkmale wurden sie in die eigene **Klasse *Polyplacophora*** gestellt. Vom Untergrund abgelöst können sie sich zusammenrollen wie Asseln. Da sich ihr Gehäuse aus mehreren Platten zusammensetzt, die zudem meistens nur wenig Kalk enthalten, sondern eher eine hornartige Konsistenz haben, hat man so gut wie keine Chance, die Gehäuse toter Käferschnecken im Spülsaum der Strände zu finden, da sie sich unter natürlichen Gegebenheiten schnell auflösen.

Käferschnecke, *Lepidochitona (Lepidochitona) cinerea* (Linne` 1767)

Die **Käferschnecke** findet man häufig auf Miesmuscheln, Austernschalen oder mit Algenfilmen bewachsenen Steinen. Dabei erweist sie sich sehr oft als standorttreu. Sie erreicht eine Länge von etwa 2,5 Zentimetern und wird aufgrund ihrer unauffälligen Färbung, ihrer Kleinheit und ihrer langsamen Bewegungsweise schnell übersehen. Wenn es gelingt, sie unverletzt von ihrer Unterlage abzulösen, kann man sie sehr gut und lange im Aquarium halten. Sie fressen dünne Algenbeläge und Mikrofilme von Bakterien von ihren Untergründen und scheinen relativ anspruchslos zu sein. Relativ häufig kann man sie auf den Gehäusen der eingeschleppten **Pazifischen Riesenauster *Crassostrea gigas*** finden, da sich auf den Austernschalen die von dieser Käferschnecke bevorzugten dünnen grünen Algenfilme bilden. Die Rändelkäferschnecke vermehrt sich getrennt geschlechtlich, in dem die Tiere einer Population ihre Geschlechtsprodukte synchron in das Wasser ausstoßen. Daraus entstehen dann freischwimmende *Veliger*-**Larven**, die zunächst im Plankton leben und erst später zum Bodenleben übergehen. Käferschnecken haben nur wenige natürliche Fressfeinde, da es nicht leicht ist, sie von ihrem Substrat abzulösen. Zu diesen gehört die **Rotzunge *Microstomus kitt***, welche die Käferschnecken mit ihren dicken Lippen regelrecht vom Substrat lutschen kann.

Vorkommen in Norddeich: An Buhnen, im Hafen, unter Steinen. Außerdem auch in Prielen zu finden, wo sie an Schalen der eingeschleppten Auster *Crassostrea gigas* sitzt. Ganzjährig zu finden.

Klasse *Bivalvia* – Muscheln

Die meisten zweischaligen Weichtiere sind Muscheln, doch gibt es auch einige wenige Schneckenarten, die ein zweischaliges Gehäuse besitzen. Diese kommen jedoch in der Nordsee nicht vor. Die Mehrzahl der Muscheln der Nordsee hat sich an eine eingegrabene Lebensweise im Sandboden adaptiert, und sie kommen vom Watt über den Flachwasserbereich bis in nur wenige Meter Tiefe vor. Ein typischer Vertreter dieser Gruppe wäre die **Herzmuschel *Cerastoderma edule***, die übrigens auch essbar ist. Darüber hinaus gibt es auch Tiefwasserformen, die eher zum arktischen Faunenkreis gehören, und deren Gehäuse man nur sehr selten nach schweren Sturmfluten am Strand finden kann. Hier wäre insbesondere die **Islandmuschel *Arctica islandica*** zu nennen, die von den Kuttern als Beifang angelandet wird, wenn die Netze deutlich unter 10 Metern Tiefe über den Sand gezogen werden. Solche Muscheln sind im Aquarium auch ohne gesonderte Fütterung mit Planktonersatzfuttern etwa bis zu einem Jahr haltbar und können damit zu den ausdauernden Arten gezählt werden. Eine weitere Gruppe ist die der Siedlungsfilz bildenden Muscheln, wie der **Miesmuschel *Mytilus edulis*,** welche im Watt und Flachwasserbereich dichte Muschelbänke bilden, deren ökologische Funktion denen der Korallen in einem Korallenriff entspricht. In größeren Tiefen werden diese Filze dann von der **Großen Miesmuschel** oder auch **Pferdemuschel *Modiolus modiolus*** gebildet. Darüber hinaus gibt es auch noch verschiedenste Formen von Bohrmuscheln, die in Holz-, Stein-, Ton- und Kalksedimenten leben, in welche sie sich teils mechanisch hineinraspeln, teils aber auch durch das Ausscheiden von bestimmten Säuren hineinätzen. Manche Bohrmuscheln wurden in den vergangenen Jahrhunderten durch Schiffe aus Übersee eingeschleppt, und insbesondere die aus amerikanischen Gewässern eingeschleppten Schiffsbohrwürmer haben dabei schon manches europäische Segelschiff zum Meeresgrund befördert. Manche Muscheln, die heute häufig in der Nordsee vorkommen, stammen ursprünglich nicht aus der Nordsee. So zum Beispiel die **Rasiermessermuschel, *Ensis siliqua*,** die **Amerikanische Bohrmuschel *Petricola pholadiformis*** oder die **Pazifische Riesenauster *Crassostrea gigas***. Die Folgen für das Ökosystem der Nordsee durch Verschleppung von Muschelarten sind glücklicherweise nicht immer tragisch, und im Fall der Rasiermessermuscheln kann man wohl eher von einer Bereicherung unserer endemischen Fauna ausgehen. Auch sind diese Muscheln essbar und werden auch hin und wieder im Fischhandel angeboten. Das Auftauchen der Pazifischen Riesenauster muss jedoch etwas kritischer gesehen werden, da diese offensichtlich die Miesmuscheln verdrängen und das Verschwinden von Miesmuschelbänken Auswirkungen für diverse andere Arten der Nordsee hat. Schon immer hat der Mensch Muscheln auch für seine Ernährung verwendet, doch ist das Verwenden von Muscheln aus Hafengebieten oder den Einzugsmündungen großer Flüsse nicht zu empfehlen, da solche Tiere als Filtrierer Schadstoffe wie Blei und Cadmium in ihrem Gewebe speichern könnten, was dann ein sehr ungesunder Genuss für den Gourmet wäre. Ich persönlich habe mich auch schon an rohen Austern versucht, doch würde ich dem Feinschmecker empfehlen, sich hier zu vergewissern, dass die Austern aus Gebieten ohne Einleitung von industriellen Abwässern stammen. Sehr zu empfehlen sind hier beispielsweise die irischen Felsenaustern der Marke Mac Donegal, die aus einer Region ohne Industrie stammen, in welcher sich moorige Flüsse ins Meer entleeren. Diese Austern haben tatsächlich einen feinen weichen Moorgeschmack, den man als sehr angenehm und dezent empfindet. Auch ist es seit langem bekannt, dass Austern der männlichen Potenz zuträglich sind, da sie spezielle Proteine enthalten, die Männer benötigen. In jedem Fall sind Muscheln ein sehr proteinreiches und gesundes Nahrungsmittel, wenn sie aus unbelasteten Wasserverhältnissen entnommen werden können. Hin und wieder kommt es jedoch zum Massensterben ganzer Austernbänke durch bestimmte Viren und Parasiten, deren Herkunft selbst den Fachleuten unklar ist. Hier besteht für die Zukunft noch großer Forschungsbedarf hinsichtlich der Absicherung der Aquakulturen gegen diese Seuchen. Auffällig ist hierbei, dass es Jahre gibt, in denen 40-100% der ein bis zweijährigen Jungmuscheln plötzlich absterben, während die widerstandsfähigeren Alttiere meist verschont bleiben. Insofern ist es durchaus möglich, dass diese Vorgänge das Vordringen der Pazifischen Riesenaustern im Wattenmeer etwas aufhalten werden. Die **Europäische Auster *Ostrea edulis*** gilt in der Nordsee laut den meisten Büchern als ausgestorben, wobei als Grund meist eine wirtschaftliche Übernutzung durch den Menschen in früheren Jahrhunderten angegeben wird. Hierfür sind jedoch auch die Einschleppung von Krankheitskeimen und Parasiten aus anderen Erdteilen, sowie die allgemeine Verschmutzung des Meeres mit verantwortlich, da die Europäische Auster sehr empfindlich auf Wasserverunreinigungen reagiert. Ich bin jedoch davon überzeugt, dass diese Spezies in einigen nördlichen Winkeln der Nordsee in Reliktbeständen noch vorhanden ist, so dass man den Status „ausgestorben" wohl eher auf den Austernbestand in der deutschen Bucht beziehen muss. Trotzdem werden an deutschen Stränden immer noch Austernschalen gefunden, die jedoch durch ihre blauschwarze Färbung dokumentieren, dass sie bereits jahrzehntelang im Sediment gelegen haben. Insofern lassen diese Funde leider keine Rückschlüsse auf noch lebende Austernbestände in der Deutschen Bucht zu. Austern und auch einige andere Muschelarten können Perlen ausbilden, in dem sie in die Schale eingedrungene Fremdpartikel mit Perlmutt umlagern. Diese Perlen treten jedoch verhältnismäßig selten auf und werden inzwischen künstlich erzeugt, in dem man den Perlenmuscheln künstliche Fremdkörper ins Gewebe setzt. Die meisten natürlichen Perlen sind jedoch mit der Schale der Muschel verwachsen, und daher nicht für die Herstellung von Schmuck verwendbar. Daher ist ein Optimist jemand, der sich in einem Restaurant Austern bestellt, weil er hofft, darin Perlen zu finden, mit denen er die Rechnung bezahlen kann…Muscheln spielen im Wattenmeer eine bedeutsame Rolle, denn ihre Schalen werden nach ihrem Ableben durch Strömung und Wellen zu Feinpartikeln zerrieben, aus denen unter anderem der feine helle Sand besteht, der typisch für die Strände und Dünen der ganzen Küste ist. Auch bilden die Bänke aus abgelagerten Muschelschalen wertvolle Siedlungs- und Deckungsflächen für diverse Meeresbewohner des Flachwasserbereiches, die sich hier verstecken und ihrem Brutgeschäft nachgehen können. So ist beispielsweise die **Strandgrundel *Pomatoschistus minutus*** auf das Vorhandensein leerer Muschelschalen angewiesen, um dazwischen ihre Eier ablegen zu können. Aber auch zahlreiche kleine Krebse und Würmer leben zwischen diesen Muschelschalen und suchen hier Schutz vor den zahlreichen Seevögeln, die immer hungrig auf der Suche nach Nahrung durch das Watt staksen. Selbstverständlich leben im Watt auch viele Tiere, die sich von Muscheln ernähren, wobei hier die Bandbreite über diverse Seevögel bis hin zu Fischen und Krebsen reicht. Ein Rückgang von Muschelbeständen hat viele verschiedene Folgen, die man zu einem guten Teil noch gar nicht abschätzen kann. Daher ist es sehr wichtig, auch für Muschelbänke Schutzzonen einzurichten, damit diese wertvollen Ressourcen nicht zerstört werden. Da Muscheln sehr viele Larven hervorbringen können, könnten dann von diesen speziell geschützten Räumen aus überfischte und übersammelte Regionen immer wieder neu besiedelt werden, da die Larven der Muscheln sich über das Meeresplankton treibend problemlos auch in entfernte Gebiete ausbreiten können.

Französische Miesmuschel, *Mytilus galloprovincialis* Lamarck, 1819

Die **Französische Miesmuschel** ist dem südlichen borealen Faunenkreis zuzurechnen. Regulär ist sie vom Mittelmeer bis zur niederländischen Küste verbreitet, doch findet man sie seit einigen Jahren auch auf den ostfriesischen Inseln und in der südlichen Deutschen Bucht. Sie erreicht eine maximale Schalenlänge von etwa 80 Millimetern. Von der gewöhnlichen Miesmuschel kann man sie anhand der etwas breiteren und flacheren Grundform ihrer Schale unterscheiden, sowie am eher bräunlichen Fleisch und dem leicht violetten Rand ihres Mantels. Das Problem besteht darin, dass sie sich auch mit der gewöhnlichen Miesmuschel bastardiert, was dann zu kaum bestimmbaren Schalenexemplaren führt. Die Französischen Miesmuscheln sind seit Beginn der 2000er Jahre in der südlichen Nordsee auf dem Vormarsch Richtung Norden, während die gewöhnlichen Miesmuscheln auf dem Rückzug sind. 2013 beklagten die Muschelfischer einen deutlichen Rückgang ihrer Erträge im deutschen Wattenmeer der südlichen Nordsee. Ich konnte diese Art bereits auf Borkum, auf Norderney, auf Baltrum, in Norddeich und in Wilhelmshaven auffinden. Allerdings waren diese Exemplare meistens nur kleine oder mittelgroße Muscheln. Darüber hinaus kann es nicht ausgeschlossen werden, dass es sich dabei auch um **Hybriden aus *Mytilus edulis* und *Mytilus galloprovincialis*** handelt.

Vorkommen in Norddeich: An Buhnen, an Steinen, im Hafen. Auch in Prielen. Zwischen anderen Miesmuscheln und Austern!

Miesmuschel, *Mytilus edulis*   Linnaeus, 1758

Die auch für den Mensch wirtschaftlich wichtige essbare **Miesmuschel** kann bis zu 10 Zentimeter Schalenlänge erreichen und wird mit Muschelbaggern kommerziell bewirtschaftet. Dabei werden sogar ganze Muschelbänke umgelagert, um ein schnelleres Wachstum der Muscheln an nährstoffreicheren Stellen im Wattenmeer zu erreichen. Obwohl das Muschelbaggern an bestimmten Stellen im Wattenmeer verboten ist, wird es trotzdem gerne gemacht, und gegebenen Falls sagen die Muschelfischer für einander aus, um sich vor einer Anzeige der Nationalparkranger zu schützen. Ein typisches Beispiel für wirkungs-losen Naturschutz. Junge Miesmuscheln können auf ihrem Fuß kriechen, um an besonders günstige Stellen für den Nahrungserwerb zu gelangen. In dieser Lebensphase können sie ihre Position auch noch einige Male wechseln, bevor sie dann als Erwachsene zur Immobilie werden. Ihre Byssusfäden haften sehr schnell am Substrat fest. Diese Anpassung ist deshalb so wichtig, damit die Muscheln sich nach einem Sturm, bei dem sie vom Bodengrund abgerissen wurden, schnell wieder befestigen können. Auch für Seevögel sind die Miesmuscheln eine wichtige Nahrungsquelle. Eine einzige Eiderente kann am Tag bis zu zwei Kilogramm Muscheln fressen, wobei sie diese mitsamt den Schalen frisst. Möwen dagegen lassen gezielt Miesmuscheln auf die Strandpromenaden fallen, bis die Schalen zerbrechen, um so an das weiche Innenleben zu gelangen. Seesterne wiederum umklammern die geschlossenen Muscheln, bis sie sich irgendwann doch öffnen müssen, um sie in ihrer Schale zu verdauen und sich dann den Brei einzuverleiben. Und manche Meerbrassen fressen Miesmuscheln ebenfalls mit Schale, wobei sie diese mit ihren Pflasterzähnen zermahlen. Miesmuscheln sind Filtrierer, die sich durch das Einstrudeln von feinen Nahrungspartikeln aus dem Wasser ernähren. Dabei sind sie sehr effizient, denn sie können pro Viertelstunde etwa 3 Liter Wasser filtern. Von Miesmuschelgespinsten in solcher Dichte kann man an den Spundwänden des norddeicher Hafens nur träumen. Denn die vorherrschende Art ist hier die eingeschleppte **Riesenauster** *Crassostrea gigas*. Möglicherweise ist die Riesenauster ein noch besserer Filtrierer als die Miesmuschel und macht dieser nicht nur die Nahrung streitig, sondern filtriert möglicherweise auch die Larven der Miesmuscheln aus dem Wasser, bevor sich diese auf den Spundwänden ansiedeln können. Das würde es wohl am plausibelsten erklären, warum nur noch vereinzelte Miesmuscheln an den Spundwänden zu finden sind. Und auch den Steinen der Buhnen am Badestrand findet man leider nur vereinzelte Exemplare. Außerdem ist es inzwischen unklar, ob es sich bei diesen Tieren um die **Miesmuschel der Nordsee** *Mytilus edulis* oder um die **Französchische Miesmuschel** *Mytilus galloprovincialis* des Ärmelkanals handelt. Auch wäre es denkbar, dass es sich dabei um Hybriden handelt, da sich beide Arten auch miteinander verpaaren können. Das Vordringen der Französischen Miesmuschel in die südliche Nordsee kann man auch als Anzeichen einer Klimaerwärmung werten.

Vorkommen in Norddeich: An Buhnen, an Steinen, im Hafen. Auch in Prielen. Im Bereich der Hafenmole findet man meist nur vereinzelte Exemplare; das Verhältnis von gefundenen Miesmuscheln zu den eingeschleppten Austern aus dem Pazifik beträgt meist 1 : 10 oder sogar 1 : 20. Kann gelegentlich während der Sommersaison direkt vom Muschelbagger zum Verzehr erworben werden. Ganzjährig auffindbar.

Pazifische Riesenauster, *Crassostrea gigas* (Thunberg, 1793)

In Norddeich findet man die Austern vorwiegend an Buhnen und Spundwänden des Hafens.

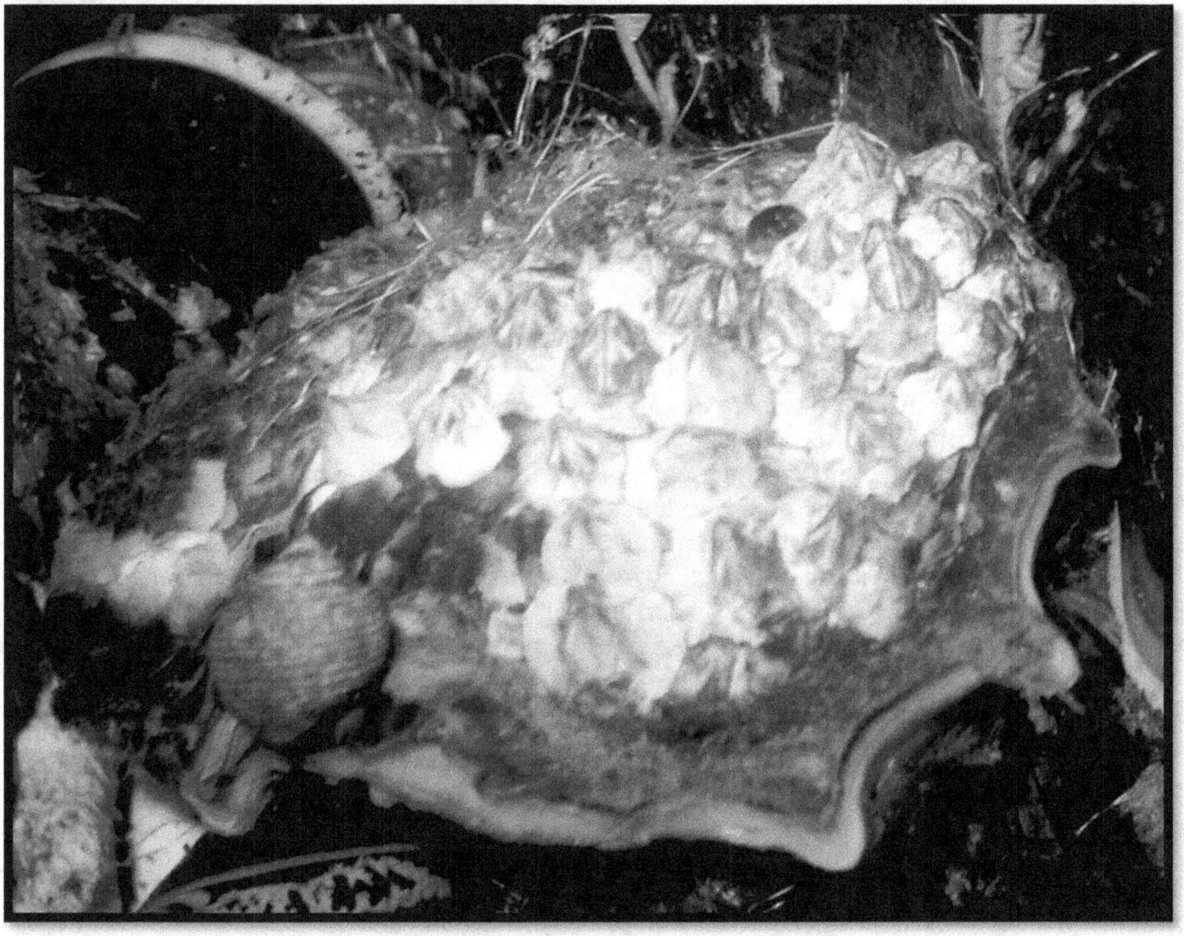

Bereits eine einzige Auster bietet zahlreichen anderen Organismen ein Substrat.

Weil die Bestände der **Europäischen Austern** dramatisch zurückgingen, importierten die Austernzüchter die bis zu 40cm lange **Pazifische Riesenauster *Crassostrea gigas*** aus dem Pazifik. Dieses führte dazu, dass man diese Art jetzt auch im Wattenmeer, und zwar insbesondere an Hafenmolen und Spundwänden, finden kann. Im April des Jahres 2003 konnte ich sie vereinzelt lebend an Buhnen und Steinen auf der Insel Baltrum entdecken. Nur drei Jahre später hatten sie sich so vermehrt, dass ich im Hafen von Neßmersiel große Exemplare von 10 Zentimetern Länge in großen Mengen an den Spundwänden des Hafens finden konnte. Außerdem waren kleine Exemplare bis etwa 7cm Länge an Seetangbüscheln im Watt zusammen mit Miesmuscheln zu finden. Im Jahre 2006 und 2007 lagen bereits von der Strömung losgerissene große Austern von 10cm Länge und größer im Watt. Auf diesen Austern fanden sich zahlreiche andere Organismen, wie z.B. Käferschnecken, Seepocken, kleine Seeanemonen und Pantoffelschnecken. Insbesondere für andere Schnecken boten die großen Austernschalen ein hervorragendes Substrat, da auf den Schalen ein dünner Film von Grünalgen wuchs. Die ökologische Dimension dieser Austern-Invasion kann zurzeit noch nicht genau beurteilt werden. Die Austern könnten beispielsweise durch ihre enorme Filterleistung die Sichttiefe des Wassers verändern. Dieses kann an vormals trüben Stellen dazu führen, dass z.B. Seevögel mehr kleine Fische als vorher erbeuten können, was zu einer Abnahme des Bestandes an kleinen Fischen, wie z.B. der Strandgrundeln, führen kann. Auf der anderen Seite bieten die Austern selber anderen Organismen Siedlungsfläche und Schutz, da ihre Schalen sehr widerstandsfähig sind und den meisten Muschelfressern lange Widerstand leisten. Vielleicht ist dies auch der Grund dafür, dass die Austern im Hafen die einheimische Miesmuschel verdrängt haben. Bedenklich wird es werden, wenn die Austern die Miesmuschelbänke überwuchern, und die Riffe aus Miesmuscheln anfangen, zu erodieren. In diesem Fall würde ein kompletter Lebensraum verloren gehen, der zahlreichen Aufsitzerorganismen, Jungfischen und Krebsen Siedlungsfläche und Nahrung geboten hat. Doch wie kam es

eigentlich zur Austerninvasion an der deutschen Nordseeküste? Während Arten wie die **Amerikanische Bohrmuschel *Petricola pholadiformis*,** die **Amerikanische Schwertmuschel *Ensis directus*** oder die **Pantoffelschnecke *Crepidula fornicata*** eher zufällig in Form von Larven mit dem Ballastwasser von Schiffen eingeschleppt wurden, wurden für den Bedarf von Feinschmeckern künstliche Austernbänke mit der neuen Art angelegt. Von diesen breiteten sie sich dann über ihre freischwimmenden Larven aus und erwiesen sich allen Prognosen zum Trotz als winterfest. Austern können abhängig von der Wassertemperatur ihr Geschlecht ändern. Sie sind im Gegensatz zur Europäischen Auster sehr widerstandsfähig gegen Wasserverschmutzungen. An dieser Stelle sei nochmals darauf hingewiesen, dass Exemplare, die im Hafen gesammelt wurden, nicht genießbar sind, da sie alle möglichen Gifte und Schadstoffe aus dem Hafenwasser filtrieren und diese in ihrem Gewebe eingelagert haben könnten. Abschließend sei noch erwähnt, dass man Austern mehrere Tage im Kühlschrank feucht ohne Wasser lagern kann, ohne dass die Tiere eingehen.

Vorkommen in Norddeich: An Buhnen, an Steinen, im Hafen. Auch in Prielen und manchmal im Watt, wenn die Schalen durch Welleneinwirkungen vom Substrat abgerissen wurden. Ganzjährig auffindbar. Austern aus dem Hafenbereich sind **grundsätzlich** ungenießbar!

Sandklaffmuschel, *Mya arenaria*   Linnaeus, 1758

Die **Sandklaffmuschel** lebt tief eingegraben im Watt. Sie streckt ihren zweigeteilten Siphon aus, durch den sie ihr Atemwasser und kleine Nahrungspartikel einstrudelt, und das gefilterte Wasser daneben wieder ausströmt. Klaffmuscheln können mehrere Dezimeter tief in das Substrat eindringen. Dabei dringen sie in sauerstofflose Bodenschichten vor, in denen andere Tiere nicht mehr leben können. Klaffmuscheln kann man im Watt ausgraben, wobei die erschreckten Muscheln auch häufig Wasserfontänen ausspucken. Sie sind essbar, doch werden sie vom Menschen nur lokal genutzt. Auf Wasserverunreinigungen und Kälte reagieren sie empfindlich, und lokale Populationen können bei ungünstigen Umweltfaktoren plötzlich großflächig absterben. Dann werden die stinkenden toten Muscheln in großen Mengen an den Strand gespült, und noch Jahre später geben die Ansammlungen ihrer Schalen ein Zeugnis von dem Desaster. Klaffmuscheln steuern wegen ihrer Größe einen großen Teil zu den Muschelschalenansammlungen vor den Küsten bei. Deshalb wurden diese Muschelbänke in der Vergangenheit von den Küstenbewohnern kommerziell abgebaut, um aus den Muschelschalen Kalk für den Häuserbau zu gewinnen. Insbesondere manche Inselbewohner der Ostfriesischen Inseln haben sich dadurch ihren Wohlstand erworben. Da der Abbau zu dieser Zeit manuell geschah, stellte dies keinen groben Eingriff in das Ökosystem des Wattenmeeres dar, und kann deshalb als positives Beispiel für die sinnvolle Nutzung natürlicher Ressourcen gewertet werden.

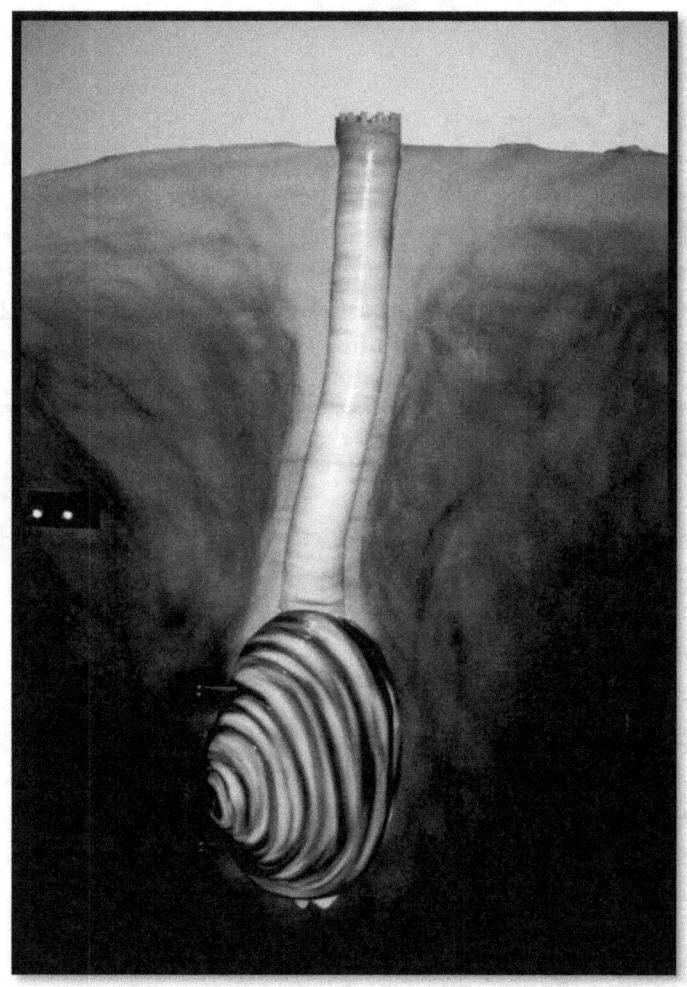

Vorkommen in Norddeich:
In Prielen und im Watt. Ganzjährig auffindbar. In manchen Ortsteilen von Norden, wie etwa dem Dorf Leybuchtpolder, kann man beim Umgraben des Gartens die Schalen von Sandklaffmuscheln entdecken. Diese stammen noch aus einer Zeit, in welcher das Meer die nun kultivierten Flächen noch bedeckte oder bei Sturmfluten regelmäßig überspülte.

Amerikanische Bohrmuschel, *Petricola pholadiformis* (Lamarck, 1818)

Die Schale dieser Bohrmuschel wurde beim Fang durch den Kutter leider etwas eingedrückt, so dass die Bohrmuschel nun selbst für Tiere wie diese winzige Spinnenkrabbe zu einer leichten Beute geworden ist.

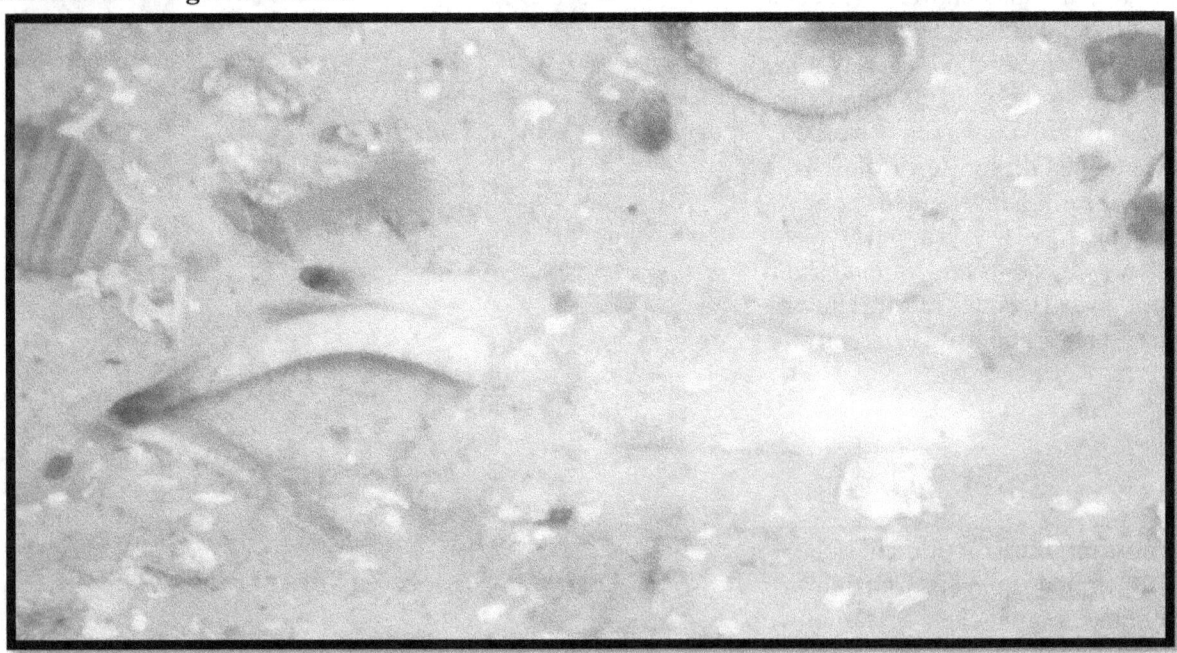

Denn normalerweise graben sich Bohrmuscheln tief in das jeweilige Substrat ein und sind so relativ unerreichbar für ihre meisten Fressfeinde. In der Regel kann man dann höchstens noch ihre beiden Siphonen erkennen. Oder zwei winzige Löcher, durch welche die Bohrmuscheln ihr Atemwasser einfiltrieren.

Die **Amerikanische Bohrmuschel** wurde ursprünglich durch Schiffe von der Ostküste Nordamerikas in unsere Gewässer eingeschleppt. Sie erreicht eine Schalenlänge von etwa 70 Millimetern. Diese Muscheln findet man im Sublitoral deutlich unterhalb der Gezeitenzone, wo sie sich Gänge in lehmige oder tonhaltige Substrate bohrt. Daher bekommt man lebende Exemplare in Ufernähe nie zu Gesicht, obwohl man am Strand regelmäßig ihre leeren Schalen auffinden kann. Und auch von Krabbenkuttern werden sie nur sehr selten als lebender Beifang angelandet, weil Kutter meist auf anderen Meeresböden fischen. Es gibt in europäischen Gewässern diverse Arten von Bohrmuscheln, wobei einige auch in der Lage sind, starke ätzende Sekrete zu produzieren, mit deren Hilfe sie sich sogar in Kalksteine hinein ätzen können. Ein Extrembeispiel stellen dabei die Bohrmuscheln aus der **Gattung *Lithophaga*** dar, welche sich komplette Gänge und Wohnhöhlen in Steine ätzen. Diese Lebensweise macht die Bohrmuschel nahezu unangreifbar für andere Räuber.

Vorkommen in Norddeich: In Prielen und im Watt. Ganzjährig auffindbar. Manchmal auch in Treibholz oder in Holzpfählen.

Strahlenkörbchen, *Mactra stultorum* Linnaeus, 1758

Diese Exemplare des Strahlenkörbchens wurden von einem Krabbenkutter gefangen. Strahlenkörbchen sind zwar nicht außergewöhnlich selten, aber gewöhnlich findet man nur leere Schalen an den Stränden. Wobei man leider meistens nur die einzelnen Schalen findet, während der Fund von beiden Klappen schon eine Rarität darstellt.

Das **Strahlenkörbchen** ist einer der häufigsten Vertreter seiner Familie. Die Schalen dieser Art kann man auf fast jedem Strand der Nordsee finden, da diese Muschel verschiedenste Substrate von schlammig bis sandig toleriert. Die Schalen selbst erreichen eine Größe von etwa 60 Millimetern und sind etwas stabiler als die dünnschaligen Tellmuscheln, aber lange nicht so robust wie die Schalen der Islandmuschel. Lebend bekommt man diese Art in der Gezeitenzone in der Regel nie zu Gesicht, und auch Krabbenkutter fangen lebende Exemplare nur relativ selten als Beifang, weil sich Strahlenkörbchen gewöhnlich tief in ihr Substrat eingraben. Im Aquarium lassen sie sich leider nicht sehr lange am Leben erhalten, weil sie wahrscheinlich sehr essentiell auf die Vitalstoffe angewiesen sind, welche in den mikroskopische kleinen Algen enthalten sind, welche sie als Nahrung ständig benötigen. Insofern wäre es eine große Herausforderung, diese Muscheln längere Zeit mit entsprechend hochwertigen Mischungen von Flüssigfuttern am Leben zu erhalten. Was dann jedoch einen extremen Aufwand der Wasserhygiene bedeuten würde.

Vorkommen in Norddeich: In Prielen und im Watt. Ganzjährig auffindbar. In der Regel findet man dann die leeren Schalen, da diese Muscheln unterhalb der Gezeitenzone leben.

Ottermuschel, *Lutraria lutraria* (Linnaeus, 1758)

Die **Ottermuschel** gehört eigentlich eher in den Ärmelkanal und kam bislang nur sporadisch an unseren deutschen Küsten der südlichen Nordsee vor. Es scheint sich aber aufgrund der letzten warmen Jahre eine Population in der südlichen Nordsee vor den Inseln Borkum bis Norderney und Baltrum etabliert zu haben. Deshalb kann erwartet werden, diese Muschel in Kürze auch im Watt vor Norddeich anzutreffen. Die Ottermuschel sieht der **Sandklaffmuschel *Mya arenaria*** auf den ersten Blick sehr ähnlich, doch sind ihre Schalenklappen etwas runder und ihre Schalendicke ist auch etwas kleiner. Und auch ihr Siphon ist im Vergleich etwas kürzer und dicker und nicht völlig einziehbar. Die Ottermuschel kann etwa 13 Zentimeter Größe erreichen. Obwohl sie systematisch gesehen nicht zur Familie der Klaffmuscheln gehört, hat sie doch eine ähnliche Lebensweise und kann sich ebenfalls bis zu 40 Zentimeter tief ins Substrat eingraben. Ob die Ottermuschel nur ein Beispiel für eine Artenverschleppung durch Schiffsverkehr oder ein weiterer faunatischer Beweis für eine Klimaerwärmung in der südlichen Nordsee ist, kann zurzeit noch nicht gesagt werden. Das liegt vor allem daran, dass Ottermuscheln zu den Arten gehören, die bei kurzen Warmphasen nach Norden vordringen und dann bei einem strengen Winter eingehen. Und somit wieder aus den eben erst erschlossenen Habitaten verschwinden.

Vorkommen in Norddeich: In Prielen und im Watt. Ganzjährig auffindbar. In der Regel findet man dann die leeren Schalen, da diese Muscheln unterhalb der Gezeitenzone leben.

Pfahlwurm, *Teredo navalis* Linnaeus, 1758

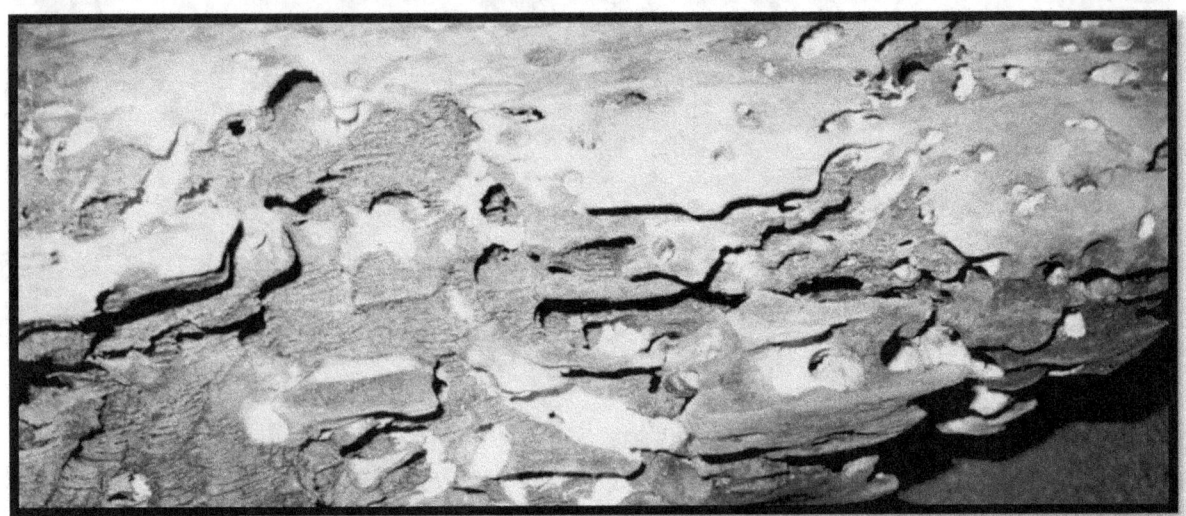

Die Bezeichnung **"Pfahlwurm"** ist leider etwas irreführend, denn es handelt sich hierbei nicht um einen Wurm, sondern um eine Holz fressende Muschel. Diese Muschel wurde ursprünglich im 15. Jahrhundert aus Amerika mit Schiffen eingeschleppt, und hat seitdem viele hölzerne Schiffe versenkt, sowie marine Hafenbefestigungen und Pfahlbauten beschädigt. Wahrscheinlich fielen den Pfahlwürmern sogar wesentlich mehr Schiffe zum Opfer, als je in historischen Seeschlachten versenkt wurden. Pfahlwürmer haben ein dreiteiliges Gehäuse, dessen raues Vorderteil sie wie eine Raspel einsetzen, um sich ins Holz hinein zu fräsen. Dabei verwerten sie tatsächlich Holzsplitter als Nahrung, doch saugen sie mit ihren Siphonen auch Phytoplankton an, welches sie genauso fressen. Die Tücke dieser Muschel liegt darin, dass sie sich als Jungtier zunächst senkrecht in einen Holzpfahl bohrt, um dann in Längsrichtung parallel zur Holzoberfläche unbemerkt Gänge anzulegen, die sie mit Kalk auskleidet. Diese Gänge können 30-60cm Länge erreichen, doch können sie von außen natürlich nicht gesehen werden. Mehrere Gänge durchlöchern und destabilisieren das Holz dann ganz beträchtlich, ohne dass es bemerkt wird. Erst wenn das Schiff in einen Sturm geriet, konnten die Schäden der Pfahlwürmer in den auseinander berstenden Planken bemerkt werden, doch war es dann häufig zu spät, um das Schiff noch zu retten. Gelegentlich kann man Treibholz finden, an dem diese Muscheln ihre Spuren hinterlassen haben. Da sie sich über freischwimmende Larven vermehren, konnten sich diese Plagegeister der Seefahrt in den europäischen Gewässern bestens verbreiten und vermehren, und bis zur Erfindung von eisernen Schiffsrümpfen und Antifouling-Mitteln ungestört ihr Unwesen treiben.

Vorkommen in Norddeich: An Treibholz. Ganzjährig auffindbar nach Sturmfluten.

Bestimmungstafeln zum Muschelsammeln

Familie *Cardiidae* – Herzmuscheln

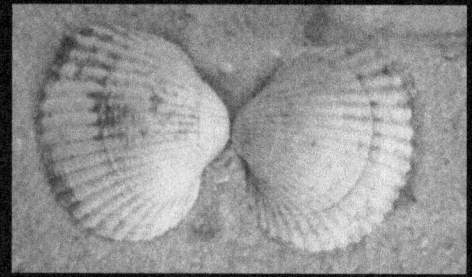
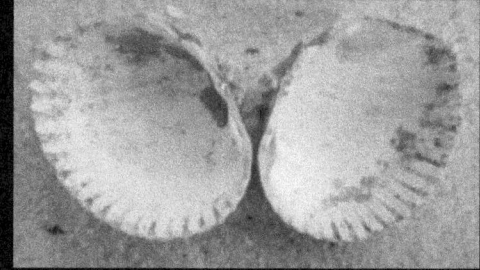

Essbare Herzmuschel, *Cerastoderma edule* (Linnaeus, 1758)

Blaue Herzmuschel, *Cerastoderma glaucum* (Poiret, 1789)

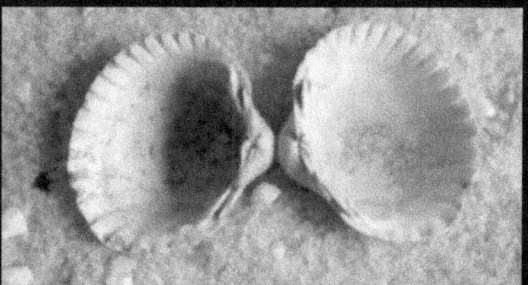

Kleine Herzmuschel, *Parvicardium ovale* (Sowerby G.B. II, 1840)

Familie *Veneridae* – Venusmuscheln

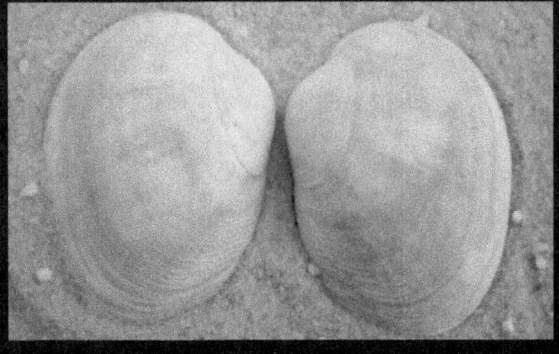 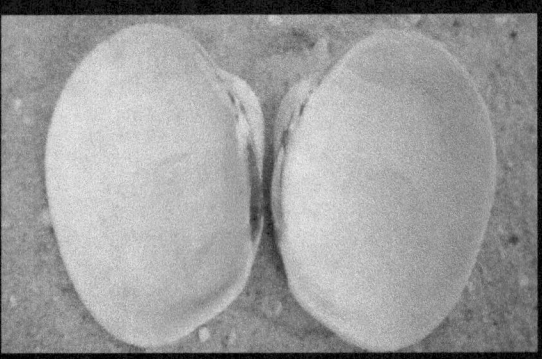

Senegal-Teppichmuschel, *Venerupis senegalensis* (Gmelin, 1791)

Familie *Mytilidae* – Miesmuscheln

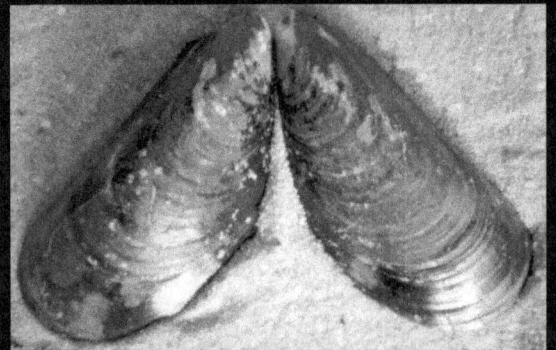 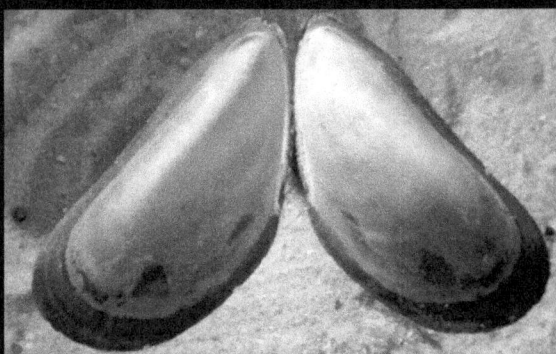

Essbare Miesmuschel, *Mytilus edulis* Linnaeus, 1758

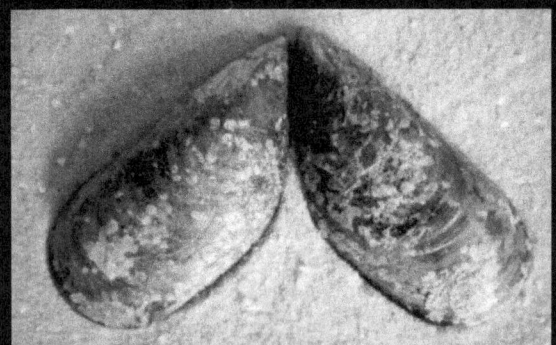 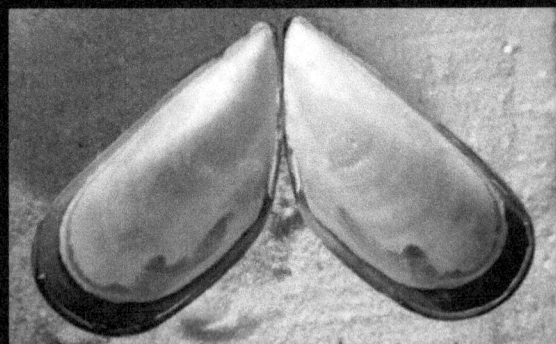

Französische Miesmuschel, *Mytilus galloprovincialis* Lamarck, 1819 – eingeschleppt aus dem Ärmelkanal; auch mit Treibholz verdriftet – 70mm

Familie *Mactridae* – Trogmuscheln

Strahlenkorb, *Mactra stultorum* (Linnaeus, 1758)

Elliptische Korbmuschel, *Spisula elliptica* (Brown, 1827)

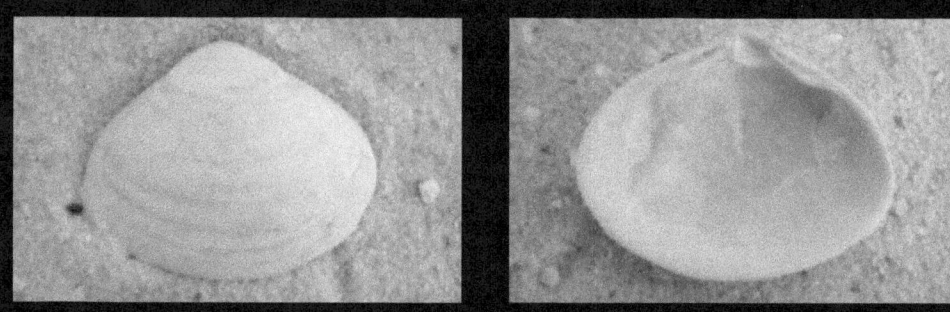

Dickschalige Trogmuschel, *Spisula solida* (Linnaeus, 1758)

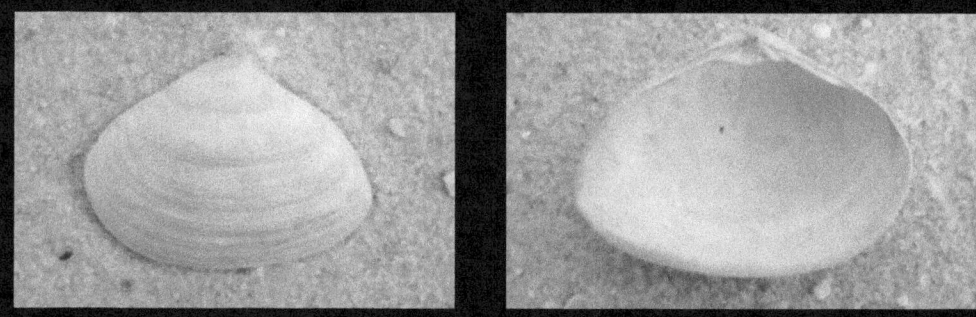

Gedrungene Trogmuschel, *Spisula subtruncata* (da Costa, 1778)

Ottermuschel, *Lutraria lutraria* (Linnaeus, 1758)

Familie *Myidae* - Sandklaffmuscheln

Weiße Klaffmuschel, *Mya arenaria* Linnaeus, 1758

Familie *Ostreidae* – Austern

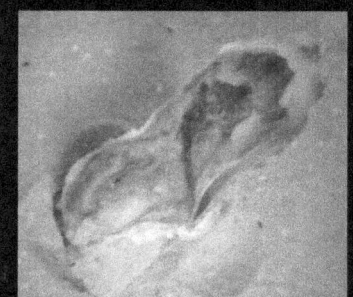 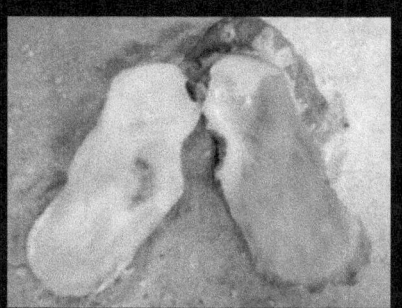 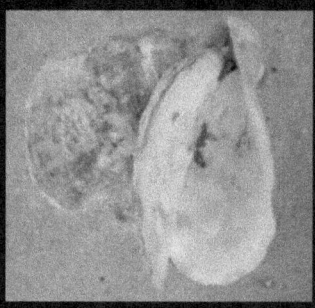

Pazifische Riesenauster, *Crassostrea gigas* (Thunberg, 1793)

Familie *Petricolidae* – Bohrmuscheln

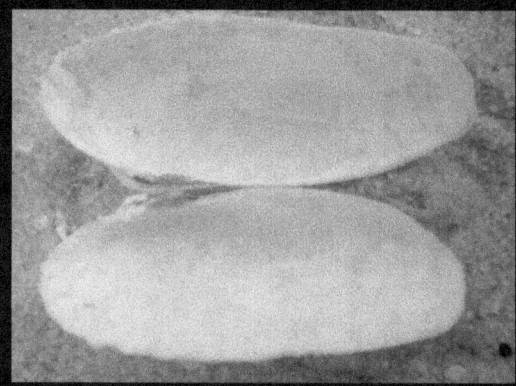 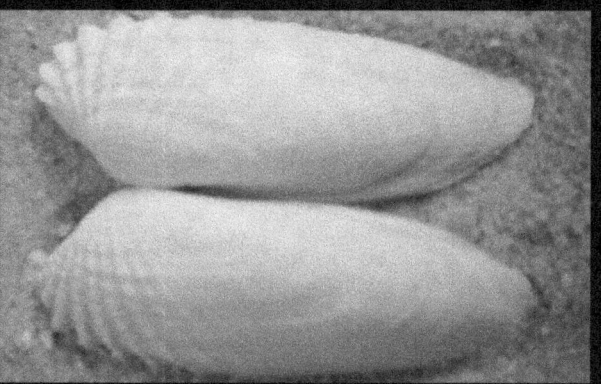

Amerikanische Bohrmuschel, *Petricola pholadiformis* Lamarck, 1818

Familie *Semelidae* – Pfeffermuscheln

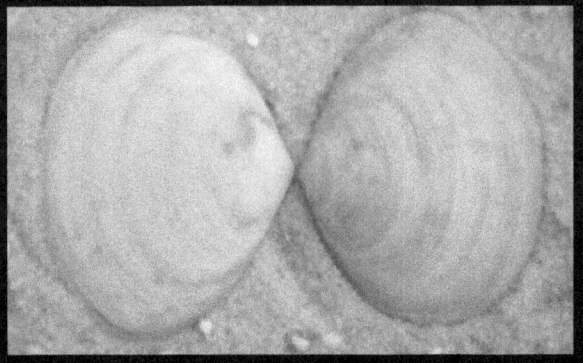 

Pfeffermuschel, *Scrobicularia plana* (da Costa, 1778)

Familie *Tellinidae* - Tellmuscheln

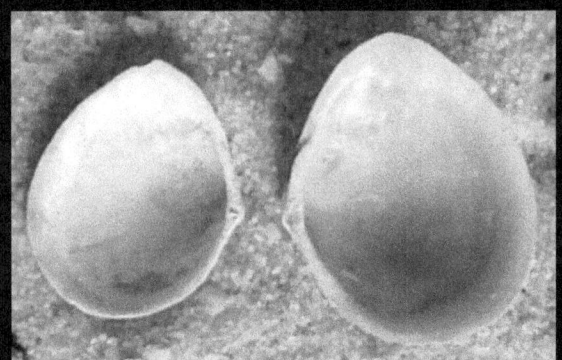 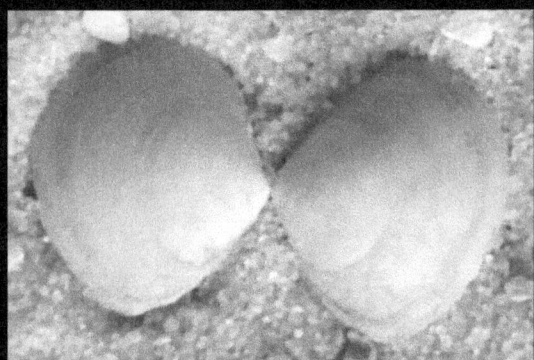

Rote Bohne, *Macoma balthica*, (Linnaeus, 1758)

Familie *Calyptraeidae* - Pantoffelschnecken

 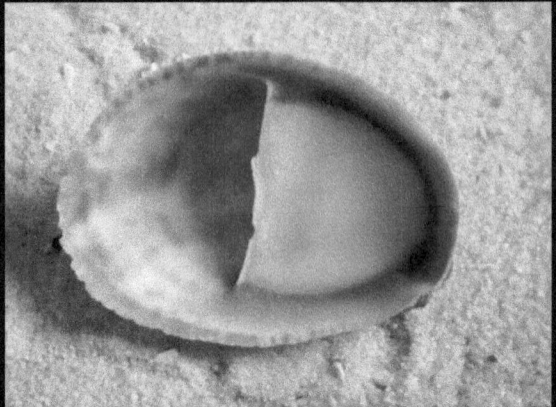

Pantoffelschnecke, *Crepidula fornicata* (Linnaeus, 1758)

Familie *Buccinidae* - Wellhornschnecken

Wellhornschnecke, *Buccinum undatum* Linnaeus, 1758.   Rechts der Laichballen.

Familie *Hydrobiidae* - Wattschnecken

Wattschnecke, *Hydrobia ulvae* (Pennant, 1777) – Ansammlungen von bis zu 1 Million Exemplaren pro Quadratmeter Watt sind belegt worden!

Familie *Pharidae* – Rasiermessermuscheln

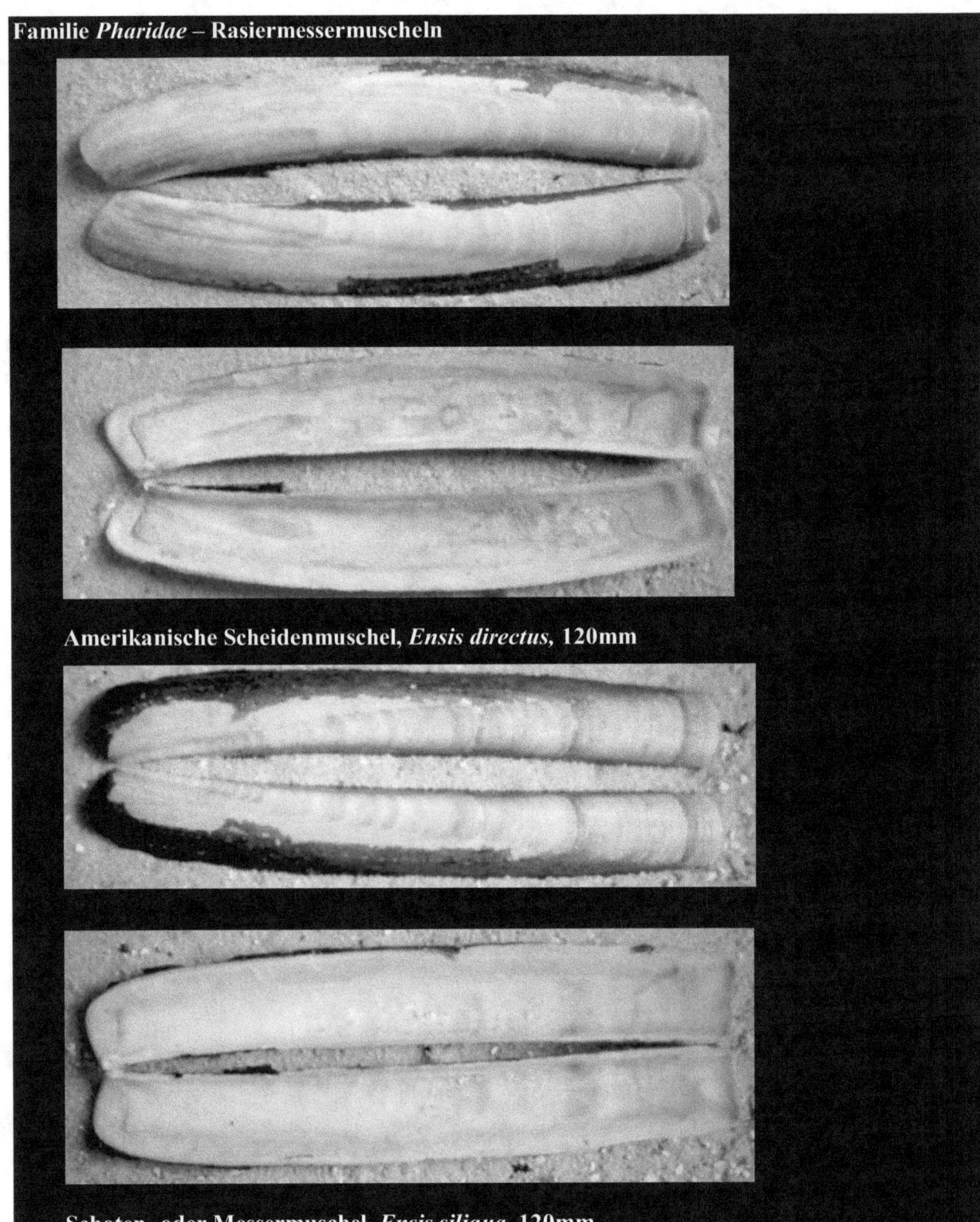

Amerikanische Scheidenmuschel, *Ensis directus*, 120mm

Schoten- oder Messermuschel, *Ensis siliqua*, 120mm

Klasse *Hydrozoa* – Hydroidpolypen

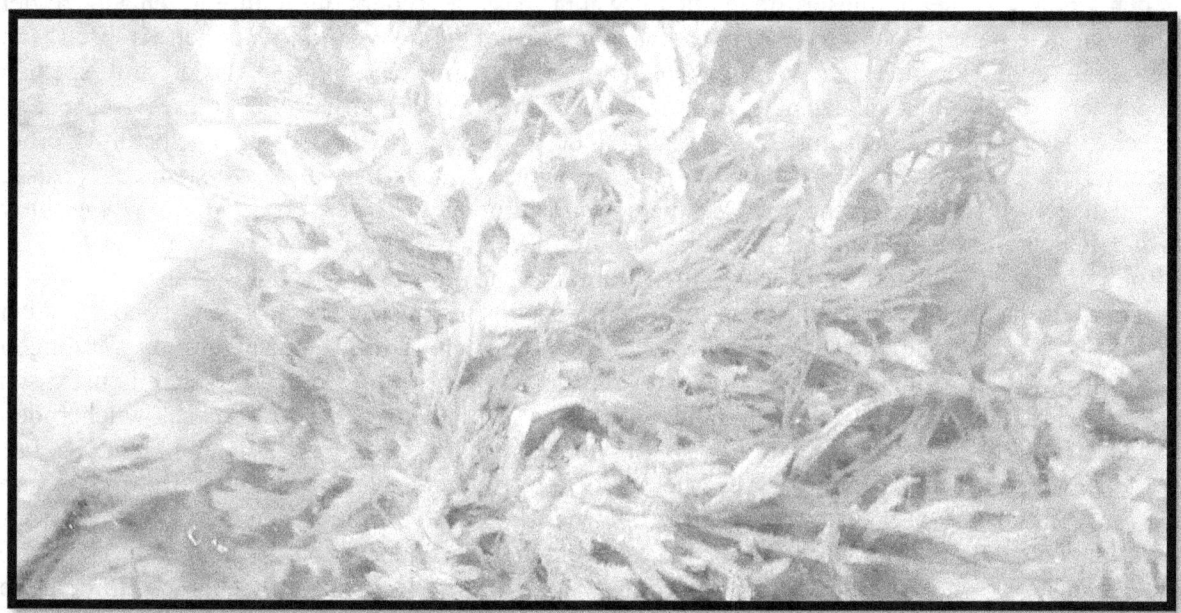

Bei diesen Tieren handelt es sich um Meeresorganismen, die in Kolonien auftreten, welche sich aus vielen kleinen Einzelpolypen zusammensetzen. Findet man sie im Spülsaum, glaubt man auf den ersten Blick, eine Pflanze vor sich zu haben. Ein Blick durch ein Mikroskop offenbart jedoch, dass an den vermeintlichen Ästen der „Pflanze" eine Vielzahl von Einzelpolypen sitzt, und diese in meist eckigen und symmetrischen Taschen, die man auch als **Theken** bezeichnet. **Hydrozoen** durchleben ihr Dasein meist in zwei Zyklen, wobei der eine Zyklus als **festsitzender Polyp** am Substrat stattfindet, während sich der andere in Form von freischwimmenden kleinen **Medusen** abspielt. Daher sind die **Hydroidpolypen** von ihrer Lebensweise her den Quallen sehr ähnlich. Es gibt zwei Grundtypen von Hydrozoen: Zunächst gibt es die **Hydroiden**, deren Polypen nicht von einer kleinen Chitinhülle umgeben ist. Diese werden in die **Unterordnung *Anthoathecata*** einsortiert. Bei der anderen Gruppe ist jeder einzelne kleine Fresspolyp in eine kleine Kammer eingebettet, weshalb man diese Tiere in die **Ordnung** der *Leptothecata* eingruppiert hat. Mit diesen Polypen fangen sich die Hydroiden feinste Partikel aus dem Plankton und bauen mit Hilfe der so gewonnenen Nährstoffe ihre Kolonien auf. Manche Kolonien können dabei bis zu einem halben Meter Länge und mehr erreichen, **andere** werden nur wenige Zentimeter groß. Die meisten Hydrozoen der Nordsee sind im Aquarium nicht lange oder nur mit einem entsprechenden Einsatz von flüssigen Futtermitteln

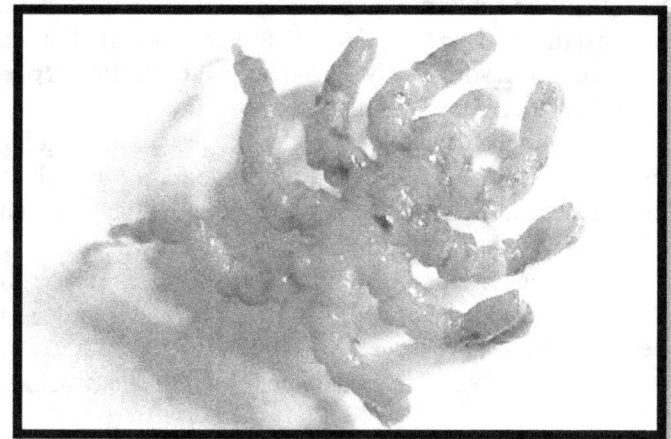

haltbar. Doch geben ihre getrockneten Kolonien oft sehr dekorative Zierstücke ab, die man gut in Muschelgläser tun kann, oder die auch in Gießharz eingebettet einen hübschen Briefbeschwerer abgeben können. Es sei an dieser Stelle auch erwähnt, dass besonders die feinfiedrigen Stöcke der Hydrozoen, wie beispielsweise das **Zypressenmoos** *Sertularia cupressina*, winzigen Krebsen Halt bieten, wie zum Beispiel den **Widderkrebsen** der **Gattung** *Caprella*, die sich mit speziell angepassten Halteklauen an das Zypressenmoos klammern. Dort tarnen sich diese Krebse und verstecken sich so erfolgreich vor Räubern, und andererseits lauern sie dort auch selbst auf vorbei driftende Beutetiere. Auch die Hydroidpolypen nehmen ihren festen Platz im Ökosystem der Nordsee ein, und dienen verschiedenen anderen Organismen wie beispielsweise der **Asselspinne** *Pycnogonum litorale*(siehe kleines Bild der Vorseite) als Nahrung. Manche sind sogar auf bestimmte Arten von Hydroidpolypen spezialisiert, und deshalb im Aquarium ohne diese Art von Nahrung nur schwer oder gar nicht zu halten. Doch nicht nur Nahrungsspezialisten fressen Hydrozoen, sondern auch Generalisten wie manche Fischarten der Dorschfamilie. So fand ich in den Mägen von Wittlingen Reste von Hydroidpolypen aus der **Unterordnung** der *Leptothecata*. Sehr wahrscheinlich fressen Fische die Bestände der Polypen regelmäßig ab, da sonst manche Regionen mit diesen wuchernden Gewächsen regelrecht verkrauten würden. Es ist anzunehmen, dass Fische dabei auch kleine Krebse und andere Meeresorganismen mitfressen, die sich in den Hydrozoen versteckt halten. Besonders zum Ende der Fangsaison holen Krabbenfischer große Mengen an Hydroidpolypen aus dem Meer, was darauf hindeutet, dass diese fischereibedingt zu wenige Fressfeinde haben. Aber auch Tiere wie beispielsweise verschiedene Seespinnen machen von den Hydrozoenstöcken Gebrauch, in dem sie diese als Tarnung auf ihrem Rücken befestigen. Der Vorteil für die Polypen liegt dabei darin, dass sie so erheblich mobiler sind als die auf Steinen angewachsenen Kolonien, und sich so erfolgreich weiter verbreiten und vermehren können. Der Nachteil besteht allerdings darin, dass sie so der Gefahr ausgesetzt werden, in die flache Gezeitenzone zu gelangen, wo sie schnell trocken fallen können, oder sogar von der Strömung angespült werden. An tiefer gelegenen Standorten im Sublitoral sind sie dieser Gefahr nur beim Auftreten von Sturmfluten, die mit starkem Seegang verbunden sind, ausgesetzt. Mit etwas Glück kann man jetzt auch Arten wie den **Röhrenpolypen** *Ectopleura larynx* an den Spundwänden von Häfen finden, da die Spundwände der Häfen jetzt an vielen Standorten von der **Pazifischen Riesenauster** *Crassostrea gigas* besiedelt wurden. Denn an den rauen Schalen der Austern finden die Polypen ausgezeichneten Halt und Deckung zwischen den lamellenartigen Schuppen der Austern. Dabei wagen sie sich sogar an Standorte, die bei Niedrigwasser trocken fallen. Auch scheinen sie keine besonders hohen Ansprüche an die Wasserqualität zu stellen, da ihnen selbst das vom Hafenschlamm getrübte Wasser nicht zu schaden scheint. Wenn man genau hinsieht, kann man sie dann bei Ebbe als kleine leuchtend rötliche Pünktchen auf den Austern entdecken. Ein anderer sehr häufiger Hydroidpolyp ist der **Stachelpolyp** *Hydractinia echinata*, der besonders häufig an Schneckengehäusen gefunden werden kann, die von Einsiedlerkrebsen bewohnt werden. Lebend ist der Polyp leuchtend rötlich oder sogar violett gefärbt und hat eine schleimige Konsistenz. Abgestorbene Stachelpolypen hinterlassen auf den Schneckengehäusen lediglich ihre leeren braunen Chitinhüllen, in denen einst die lebenden Polypen saßen. Im Aquarium sind Stachelpolypen leider nicht lange haltbar, was am Fehlen der für eine ausreichende Ernährung nötigen Kleinstpartikel liegen dürfte. Krabbenfänger landen Einsiedlerkrebse mit vom Stachelpolypen überzogenen Schneckenhäusern regelmäßig an, und mit etwas Glück kann man sie im Sommer ab Mai auch in den Prielen finden. Dabei handelt es sich dann meist um juvenile oder halbwüchsige Einsiedlerkrebse, die in Gehäusen der Nabelschnecke, der Netzreusenschnecke, oder der Gemeinen Strandschnecke sitzen.

Zypressenmoos, *Sertularia cupressina* Linnaeus, 1758

Das **Zypressenmoos** ist nicht auf den ersten Blick als Polypenkolonie erkennbar, da seine Polypen sehr klein sind. Daher halten die meisten Menschen es auch zunächst für eine Pflanze. In Wahrheit handelt es sich jedoch um die Kolonien eines häufigen Hydroidpolypen, die zu einem halben Meter lang werden können. Sie sind saisonal ein verhasster Beifang der Krabbenfischerei, der mühsam per Hand aussortiert werden muss.

Andererseits gedeihen sie natürlich auch viel besser, wenn die Fischerei ihre Fressfeinde, wie etwa den Wittling, dezimiert. Also handelt es sich hier wohl eher um ein selbstverschuldetes Problem... Das Zypressenmoos findet man relativ häufig und regelmäßig in den Spülsäumen der Strände und in tieferen Prielen. Das Zypressenmoos besiedelt meist Steine, Flutpfähle in Häfen und Muschelschalen, doch wächst es in seltenen Fällen auch auf dem Kopfbruststück der **Kleinen Felsengarnele** *Palaemon elegans* oder häufiger auf dem Panzer des **Taschenkrebses** *Cancer pagurus*. Manchmal werden solche oder ähnliche Kolonien von Hydroidpolypen rötlich oder grünlich eingefärbt, und dann als „Neptunsgras" als Souvenir vermarktet. Dabei soll es tatsächlich hin und wieder Händler geben, die den ahnungslosen Touristen ernsthaft weismachen wollen, dass diese „Pflanze" auch noch wachsen würde. Nun wissen Sie es jedoch besser!

Vorkommen in Norddeich: An Muschelschalen in den Prielen. Ganzjährig auffindbar.

Sars` Würfelqualle, *Sarsia tubulosa* (M. Sars, 1835)

So schweben diese Medusen im Wasser, die Tentakel hängen dabei stets nach unten. Das Exemplar rechts hat gerade eine junge Seenadel mit seinem Mundstiel gefressen.

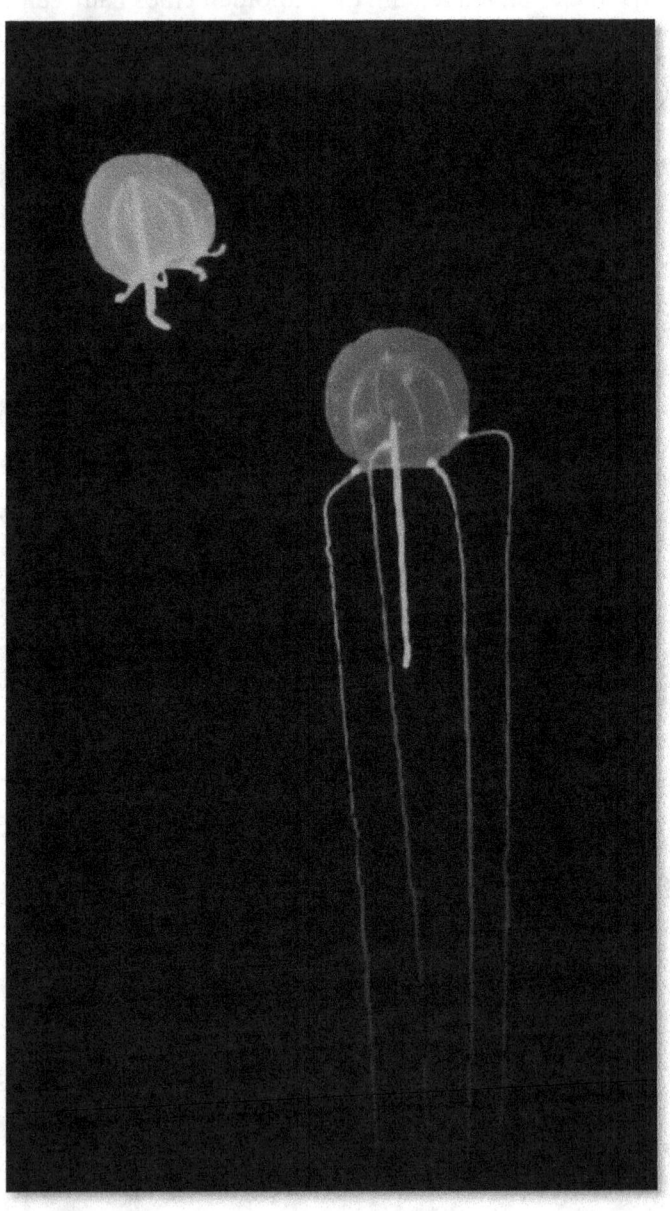

Diese winzigen Medusen werden etwa einen Zentimeter (ohne ihre Tentakel gemessen) groß. Sie haben deren vier, während in der Mitte ihrer Körperglocke noch ein so genannter Mundstiel sitzt, mit dem sie ihre Nahrung verdauen. Obwohl sie so winzig sind, können sie selbst Fischlarven und Fischbrut als Nahrung verwerten. So konnte ich es mit eigenen Augen sehen, dass eine Meduse eine juvenile Seenadel gefressen hatte. Zum Glück sind diese Medusen nicht so giftig wie ihre tropischen Verwandten, die man auch als Irukandji bezeichnet und welche ein Gift besitzen, welches etwa 200mal so giftig wie das der Kobra ist. Für den Menschen ist Sars` Würfelqualle glücklicherweise ungefährlich. Man kann sie nur im Frühjahr in Küstennähe auffinden. Den Rest ihres Lebenszyklusses verbringt sie als Polyp auf Hartsubstraten, ähnlich den Jugendstadien der **Ohrenqualle *Aurelia aurita*** (vgl. Seite 100).

Vorkommen in Norddeich: Im Hafen und am Badestrand. April bis Juni.

Klasse *Scyphozoa* – Schirmquallen

Die **Quallen** durchlaufen verschiedenste Entwicklungszyklen, bei denen sich aus den am Boden lebenden **Stammpolypen** zunächst kleine gezackte tellerähnliche *Ephyra*-**Larven** abschnüren, die erst später die Gestalt der ausgewachsenen Meduse annehmen. Das oft massenhafte Auftreten von Quallen hängt im Wesentlichen mit der Zunahme des fressbaren Zooplanktons im Laufe des Jahres, sowie den vorherrschenden Winden und Meeresströmungen zusammen. Schirmquallen nehmen im Weltmeer eine wichtige regulierende Funktion ein, denn sie reduzieren die Planktonmassen ganz erheblich und tragen dazu bei, dass das Zooplankton nicht das gesamte Phytoplankton weg frisst. Ohne das Phytoplankton würde unsere gesamte Erde sehr schnell enorme ökologische Probleme bekommen, da dieses sehr erhebliche Anteile unseres atmosphärischen Sauerstoffs produziert, und auf der anderen Seite Kohlendioxid reduziert. Trotzdem manche Quallen sogar kleine Fische als Nahrung verwerten können, beherbergen manche Nesselquallen, wie etwa die Gelbe Haarqualle, die Jungtiere von Fischarten wie beispielsweise dem **Wittling** *Merlangius merlangus* unter ihrem nesselnden Schutzschirm, wo diese Zuflucht vor anderen Raubfischen suchen. Es ist noch nicht ganz geklärt, warum die Jungfische des Wittlings nicht genesselt werden, während die Qualle anderen Fischarten durchaus gefährlich werden kann. Wahrscheinlich besitzen die Wittlinge ähnlich den tropischen Anemonenfischen in ihrer Haut bestimmte Substanzen, die es der Qualle unmöglich machen, sie als Beutefische zu erkennen. Blaue und Gelbe Haarqualle sind auch für den Menschen nicht ungefährlich und man sollte es tunlichst vermeiden, sie anzufassen. Auch dann, wenn sie bereits tot im Spülsaum des Strandes liegen, sind ihre Nesselkapseln immer noch aktiv!

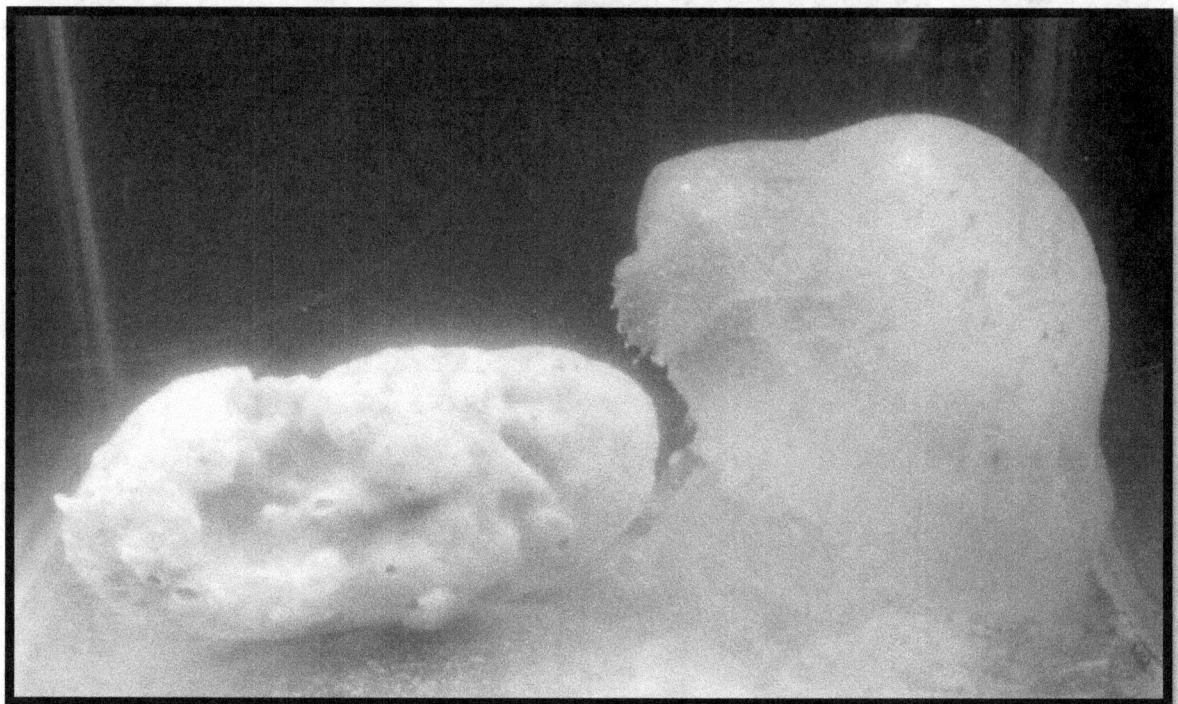

Hier eine Wurzelmundqualle neben einem Schwamm im Fotobecken. Gelegentlich landen solche Tiere auch in den Netzen der norddeicher Krabbenfischer.

Kompaßqualle, *Chrysaora hysoscella* (Linnaeus, 1767)

Inzwischen wird die Kompassqualle sogar von manchen öffentlichen Aquarien gezüchtet. Im freien Wasser sind sie grazile Schönheiten.

Die **Kompassqualle** kann einen Schirmdurchmesser von bis zu zwanzig Zentimetern erreichen, und gehört mit zu den Arten, die einen Menschen empfindlich nesseln können. Allerdings ist ihr Nesselgift noch verhältnismäßig harmlos, kann jedoch einem Allergiker durchaus zum Verhängnis werden, falls er sich wiederholt mit dieser Qualle nesselt. Denn nach dem ersten Nesselkontakt bildet der menschliche Körper Allergene aus, welche dann beim zweiten Nesselkontakt einen gefährlichen allergischen Schock auslösen können. Glücklicherweise findet man die Kompassqualle nicht sehr häufig an den Badestränden, doch sollte man die Berührung der Quallen – selbst wenn sie bereits gestrandet sind – auf jeden Fall vermeiden, da ihre Nesselkapseln immer noch aktiv sein können. Man tut gut daran, sie weiträumig zu umgehen, wenn man sie am Strand liegen sieht. Das gleiche gilt natürlich auch für die Blaue und die Gelbe Haarqualle, sowie alle Quallenarten, die man nicht genau kennt. Wurde man doch genesselt, sollte man noch anhaftende Nesselfäden der Qualle vorsichtig mit einem Messer von der Haut abschaben, am Strand kann man sich hier auch oft mit einer Muschelschale behelfen. Auf keinen Fall darf man die Nesselzellen großflächig auf der Haut verreiben! Danach sollten die betroffenen Hautpartien gepudert werden.

Nicht anfassen! Die Nesselzellen in den Tentakeln können immer noch aktiv sein!

Zu unserem Glück findet man die Kompassqualle nur relativ selten am norddeicher Badestrand. Sollte man trotzdem von ihr genesselt werden, so möge man wie oben näher beschrieben verfahren.

Vorkommen in Norddeich: Im Hafen und am Badestrand. Im Sommer.

Ohrenqualle, *Aurelia aurita* (Linnaeus, 1758)

Solche Massenansammlungen der Ohrenqualle kommen in Norddeich kaum vor. In guten Quallenjahren findet man manchmal Einzelexemplare. Vermutlich meiden sie Norddeich, weil ihnen das Seewasser hier zu sedimenthaltig ist.

Polypen der Ohrenqualle sehen wie kleine Seeanemonen aus...

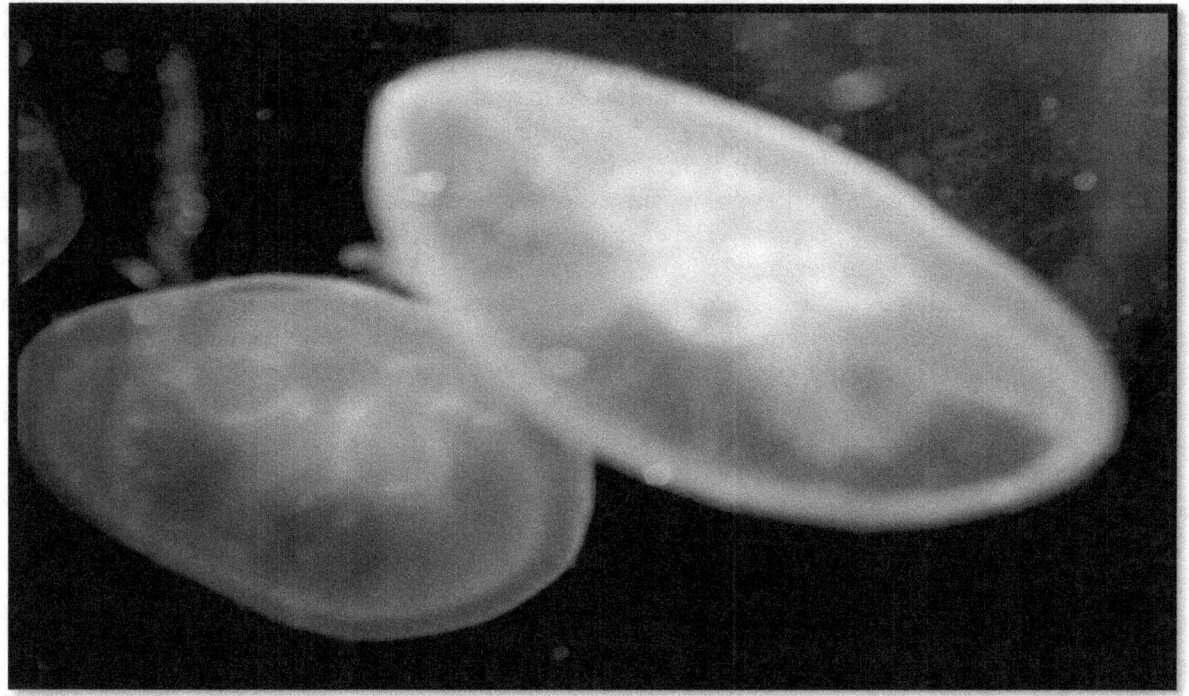

...ganz anders als die adulten Medusen der Ohrenqualle.

Die **Ohrenqualle** ist die wohl häufigste Qualle in Nord- und Ostsee. Sie kann bis zu 40cm Durchmesser Endgröße erreichen. Genau genommen ist der Ausdruck "Qualle" nicht ganz korrekt, weil das Tier, das allgemein als **"Qualle"** bekannt ist, nur das Lebensstadium eines Nesseltieres meint, das der Biologe als **"Meduse"** bezeichnet. Diese Medusen besitzen Nesselkapseln, mit denen sie Plankton betäuben und einfangen. Zum Glück sind die Nesselkapseln der Ohrenqualle so schwach, dass sie die menschliche Haut nicht durchdringen können. Dennoch können sie bei einem Massenauftreten zur Plage für Badegäste werden. Die Aquarienhaltung von Medusen ist sehr schwierig, weil diese frei schweben müssen und unweigerlich sterben, wenn sie ein Hindernis treffen oder wenn sie in einen Filter gezogen werden. Auch dürfen sie nicht mit Luftblasen kollidieren, da sie keine Möglichkeit haben, Luft aus ihrem Gewebe zu entfernen. Daher werden sie meist in trommelähnlichen Behältern mit schwacher Rundumströmung gehalten, in denen sie nicht angesaugt werden können. Der Entwicklungszyklus der Quallen verläuft folgendermaßen: Im Herbst geben die männlichen Quallen ihre Samen ins Wasser ab, die von den Weibchen aufgefangen werden. Nach der Befruchtung entstehen Planula-Larven, die sich auf dem Meeresgrund festsetzen. Dort wachsen diese zu kleinen, stielartigen Polypen heran, die nur wenige Millimeter groß sind. Im Frühjahr bilden sich dann rund um ihre Mundöffnung winzige Fangarme, mit denen sie Plankton fangen, wie dieses auch kleine Seeanemonen tun würden. Danach werden dann von einem Polypen bis zu 30 kleine tellerähnliche *Ephyra*-**Larven** vom Stiel abgeschnürt und nacheinander ins Wasser entlassen. Diese sehen zunächst aus wie kleine eingekerbte Teller. Aus diesen entstehen in kurzer Zeit kleine runde Medusen, die jetzt allmählich die runde Gestalt ihrer Eltern annehmen. Im Herbst sterben die Medusen ab, nachdem sie einen Durchmesser von bis zu 40 Zentimetern erreicht und für Nachwuchs gesorgt haben. Deshalb kann man im Winter und Frühjahr noch keine Ohrenquallen im Flachwasser der Nordsee antreffen. Ohrenquallen treten in einigen Gegenden, wie etwa an den Stränden und Häfen der Ostsee, extrem häufig auf, während sie in anderen Regionen eher selten oder sogar gar nicht anzutreffen sind. So konnte ich beispielsweise in Norddeich an der ostfriesischen Nordseeküste selbst im Hochsommer kaum adulte Medusen auffinden. Das mag speziell an diesem Standort daran liegen, dass sowohl das Watt als auch das Meerwasser hier sehr schlickhaltig sind. So ist das Wasser hier ständig grün-bräunlich trübe und enthält viele Schwebstoffe, was die Ohrenqualle offensichtlich nicht tolerieren mag. Das könnte auch erklären, warum es an der Ostsee mehr Quallen gibt. Denn dort gibt es auch nur einen geringen Tidenhub, welcher die Sedimente der küstennahen Meeresböden kaum verwirbelt. Der Tidenhub an der deutschen Nordseeküste ist dagegen viel größer und hat hier erheblich mehr Sogwirkung. In Norddeich kommt es vor, dass man Ohrenquallen in manchen Jahren überhaupt nicht zu Gesicht bekommt, dann jedoch wieder vereinzelt. Dieses hängt von vielen Faktoren und Umständen ab, die hier leider nicht genau bekannt sind. Das wahrscheinlichste sind Strömungen, die sich infolge neu abgelagerter Sandbänke ständig ändern sowie der starke Sedimentgehalt des norddeicher Seewassers.

Vorkommen in Norddeich: Im Hafen und am Badestrand. Nur im Sommer.

Blaue Haarqualle, *Cyanea lamarcki*   Peron & Lesueur, 1810

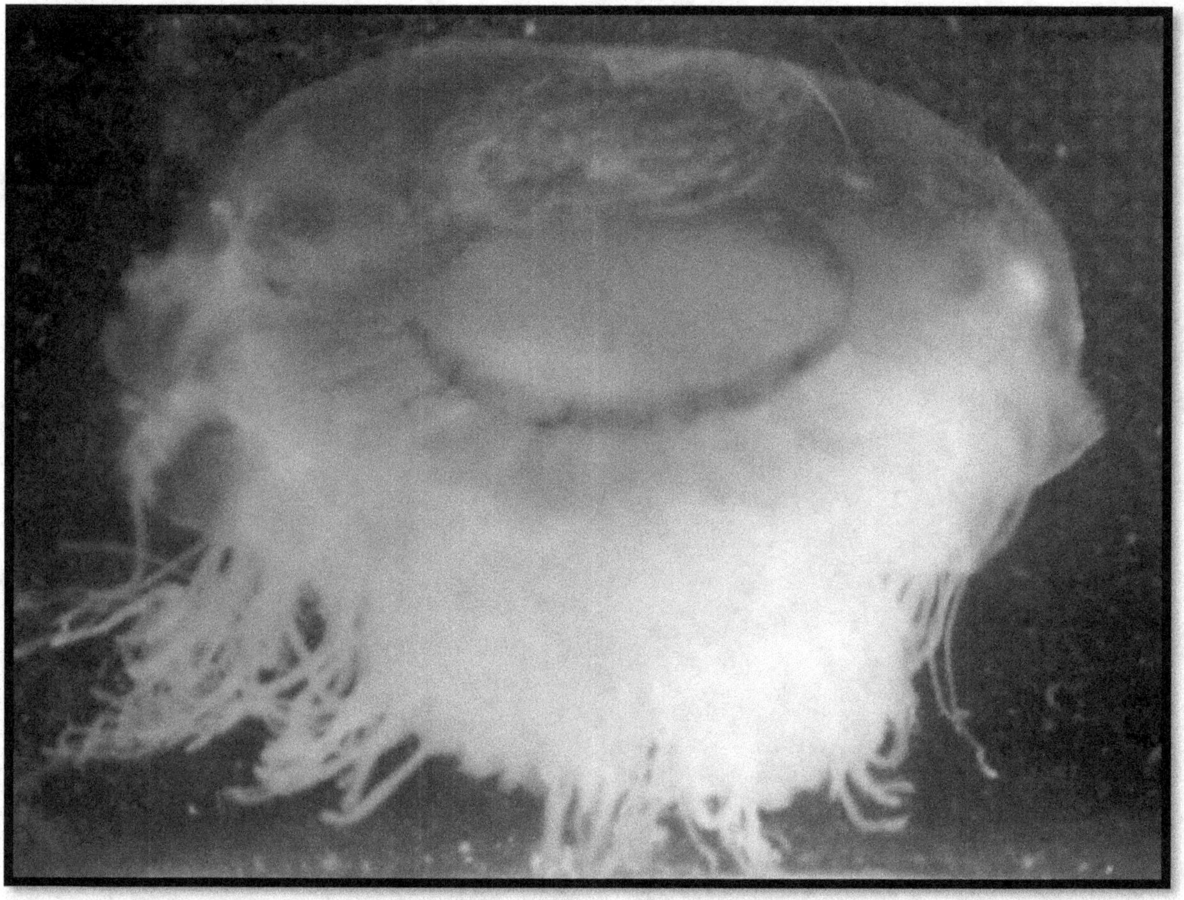

Die **Blaue Haarqualle** erreicht einen Schirmdurchmesser von bis zu 35 Zentimetern. Sie kann stark nesseln, auch wenn sie bereits vermeintlich tot im Spülsaum liegt. Deshalb sollte man um sie stets einen großen Bogen machen. Die Blaue Haarqualle kommt saisonal häufig vor, kann aber nicht jedes Jahr am gleichen Strand angetroffen werden. Quallen profitieren sehr stark von der Überfischung, da dadurch viele ihrer natürlichen Fressfeinde erheblich dezimiert werden. Manchmal kann man in der Blauen Haarqualle **Quallenflohkrebse** der Art *Hyperia galba* (kleines Bild) finden, welche sich an Nesselgifte adaptiert haben, die für andere Kleinkrebse und Fische tödlich sind. Diese Flohkrebse leben als Parasiten in den Quallen und ernähren sich von deren Körpergewebe, insbesondere von den Geschlechtszellen. Dabei können sie die Quallen auch derartig durchlöchern, bis diese schließlich eingehen. Solche Parasiten werden deshalb auch als Parasitoiden bezeichnet, da sie sogar das Ableben ihres Wirtes in Kauf nehmen. Sie sind jedoch sehr wichtig, damit die Quallenpopulation ein natürliches Regulativ hat.

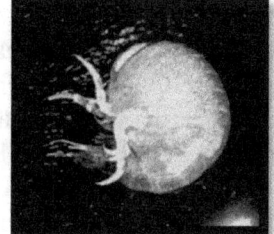

Vorkommen in Norddeich: Im Hafen und am Badestrand. Nur im Sommer.

Wurzelmundqualle, *Rhizostoma octopus* (Macri, 1778)

Diese hübsche blaue Meduse wird im Hochsommer gelegentlich angespült. Im englischen Sprachraum wird sie auch als **„Oktopusqualle"** bezeichnet, weil ihre dicken Tentakel tatsächlich etwas an die eines Kraken erinnern. Im obigen Bild rechts kann man unter dem Schirm die Geschlechtsteile der Qualle erkennen. Diese Qualle ist eher weiter draußen auf See anzutreffen und wird nur relativ selten an die Küste verdriftet. Glücklicherweise ist sie nicht besonders nesselstark und ist deshalb als verhältnismäßig harmlos für Badende einzustufen. Ihre leuchtend blaue Farbe erinnert auf den ersten Blick etwas an die Blaue Haarqualle, doch weist diese häufig noch ein filigranes Muster von dunklen Strichen auf ihrem Schirm auf und hat grundsätzlich erheblich mehr, dünnere und auch längere Nesselfäden.

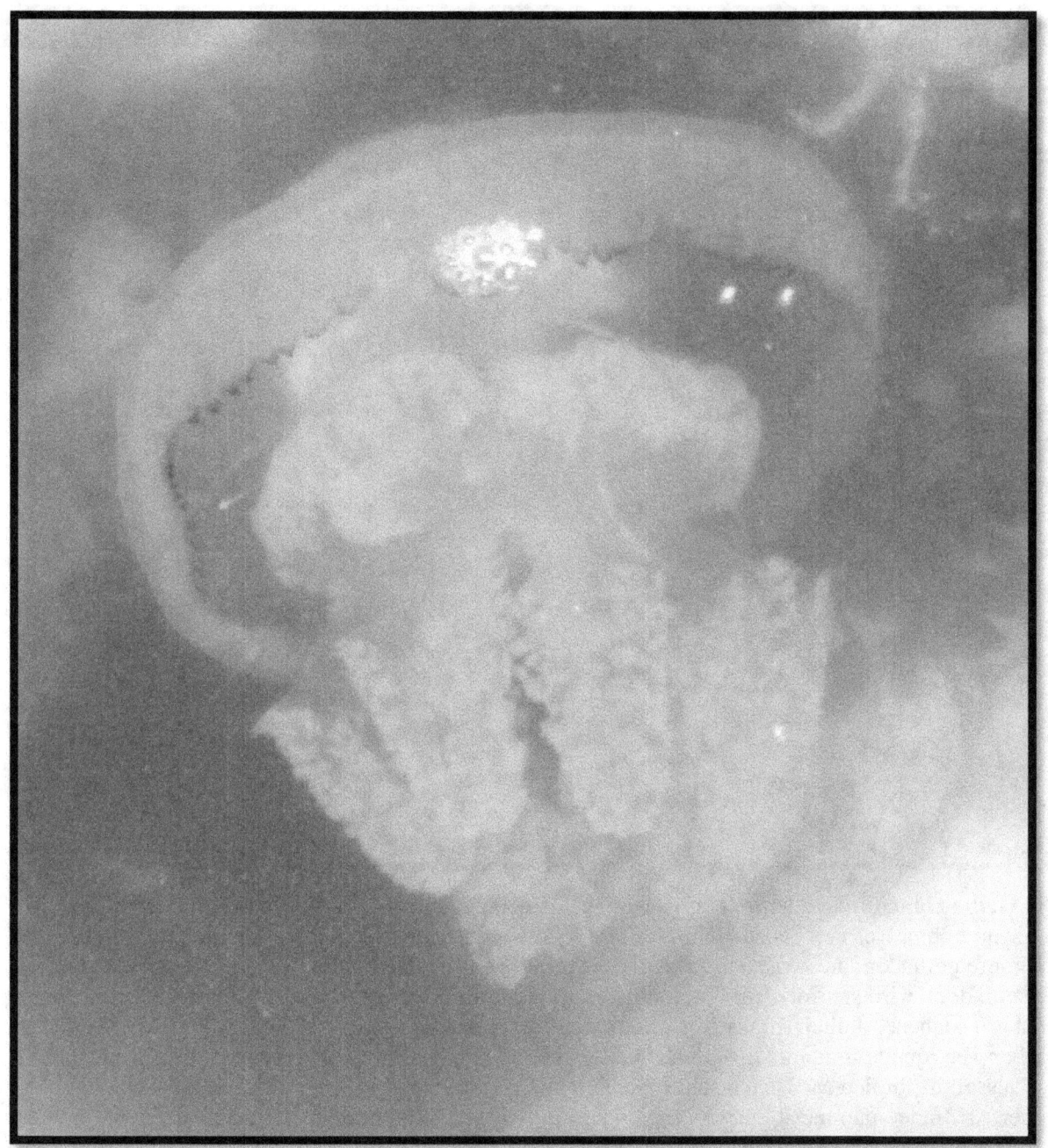

Hier kann man unter dem Schirm die Geschlechtsteile der Wurzelmundqualle erkennen. Dieses Exemplar wurde von einem norddeicher Krabbenfischer mitgefangen; es ist erstaunlich, dass diese Qualle dabei nicht beschädigt wurde. Wahrscheinlich ist sie erst beim Einholen des Netzes gefangen worden.

Vorkommen in Norddeich: Im Hafen und am Badestrand. Nur im Sommer.

Gelbe Haarqualle, *Cyanea capillata* (Linnaeus, 1758)

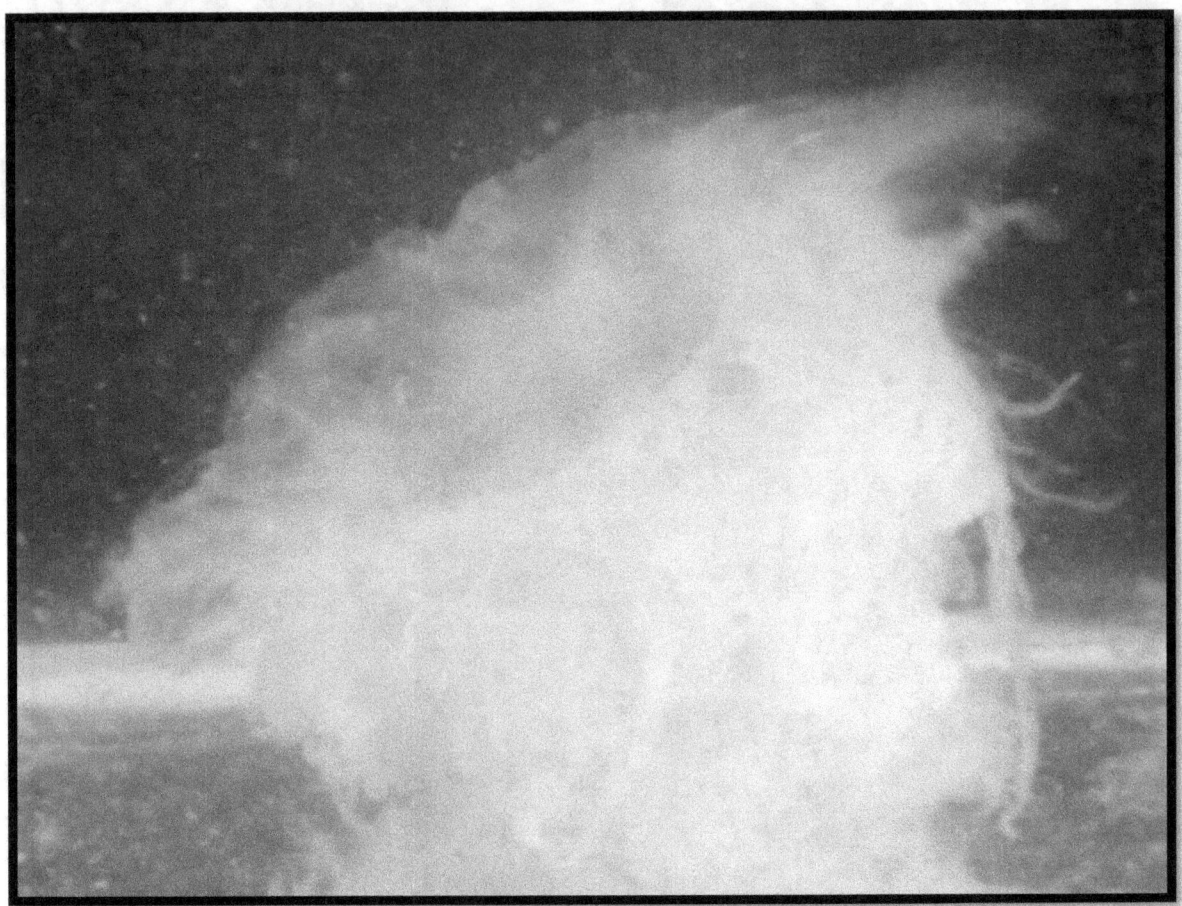

Die **Gelbe Haarqualle** oder im englischen Sprachgebrauch auch **„Löwenmähne"** erreicht einen Schirmdurchmesser von bis zu einem Meter, doch werden in Norddeich gewöhnlich nur kleine Jungtiere gefunden, die zwischen zehn und zwanzig Zentimetern Radius aufweisen. Sie kann stark nesseln, doch wird sie trotzdem von jungen Wittlingen frequentiert, die hier Schutz vor anderen Räubern suchen. Ähnlich tropischen Anemonenfischen sind diese Fische gegen die Nesselgifte der Gelben Haarqualle immun. Um solche Quallen sollte man besser einen großen Boden machen, da ihr Nesselgift für den Menschen sehr unangenehme Wirkungen hat. Die wirklich großen Exemplare dieser Art findet man meist küstenfern, so dass Badegäste von ihnen nur selten etwas zu befürchten haben. Gefährlich ist jedoch nicht der erste Nesselkontakt mit einer solchen Qualle, sondern ein zeitlich versetzter späterer neuer Quallenstich. Denn beim zweiten Mal könnte der Körper Allergene ausgebildet haben, die zu einem lebensgefährlichen Schock führen könnten. Deshalb sollte man nach einer Vernesselung zunächst Ruhe bewahren und dann erst die entsprechenden Behandlungen einleiten.

Vorkommen in Norddeich: Im Hafen und am Badestrand. Nur im Sommer.

Ordnung *Actinaria* – Seeanemonen

Die Seeanemonen haben im Weltmeer sowohl die flachen Küstenzonen als auch die Tiefsee erobert, und ihre größten und meisten Vertreter leben in den tropischen Korallenriffen. Doch stehen die Seeanemonen der Nordsee den tropischen Arten in der Färbung in nichts nach. Dabei sind manche Arten, wie beispielsweise die **Tangrose *Sagartia troglodytes***, extrem variabel hinsichtlich ihrer Körperfärbung. Manche Seeanemonen vermehren sich durch Teilung oder indem sie durch das Abschnüren von Gewebeteilen Tochterpolypen produzieren. Diese Strategie kann man bereits bei der häufigen **Seenelke *Metridium senile*** beobachten. Andere Arten, wie die **Pferdeaktinie *Actinia equina*** spucken einfach dann und wann fertig entwickelte Jungtiere aus ihrem Gastralraum aus, wobei dieser plötzlich zur „Gebärmutter" umfunktioniert wird. Die Mittelmeerform der Pferdeaktinie vermehrt sich jedoch durch den Ausstoß von Planulalarven ins Plankton, wo sie umher schwimmen, bis sie sich auf irgendeinem Stein ansiedeln. Organismen, die sich wie die Pferdeaktinie selber klonen können, oder die sich durch Teilung vermehren, werden allgemein als **potentiell unsterbliche Organismen** bezeichnet, da in ihren Nachkommen immer noch winzige Erbteile der urelterlichen Gewebemassen enthalten sind. Es gibt in der Nordsee sehr viele verschiedene Arten von Seeanemonen, und ich habe mich hier sehr darum bemüht, die Bilder auch den korrekten Arten zuzuordnen. Sollte ich doch einmal danebengegriffen haben, bitte ich schon jetzt um Verständnis, weil einige Arten selbst unter Experten immer noch umstritten sind oder zurzeit revidiert werden. Manche sehen sich auch extrem ähnlich, so dass es schwer ist, sie ohne eine Präparation des Exemplars eindeutig zuzuordnen. Die wirklich exakte Bestimmung einer Seeanemone würde voraussetzen, dass man ihre

Gewebestrukturen molekulargenetisch untersucht. Außerdem müsste man bei den Seeanemonen die Zahl der Tentakel akribisch zählen, da man sich auf die Farben lebender Tiere nicht stützen kann, weil die Färbung der Seeanemonen sehr variabel sein kann. Als Extrembeispiel seien hier die Vertreter der **Gattung *Urticina*** genannt, von denen aufgrund ihrer verschiedenen Morphen mindestens zweiundvierzig verschiedene Arten beschrieben wurden, obwohl es sich hier nur um drei oder vier Arten handelt. Abschließend sei noch erwähnt, dass die Bewohner Skandinaviens dafür bekannt sind, gelegentlich Seeanemonen zu verzehren. Ich halte das jedoch für einen sehr zweifelhaften Genuss, da man zum einen doch besser einen gewissen Respekt vor den Nesselkapseln der Tiere haben sollte, und zum anderen auch Seeanemonen mit Schadstoffen und Bakterien aller Art belastet sein könnten – insbesondere nachdem sie Aas gefressen haben.

Seenelke, *Metridium senile* (Linnaeus, 1761)

In eingezogenem Zustand leuchten manche Seenelken fast neonorange.

Die **Seenelke** gehört mit zu den häufigsten Seeanemonen der Nordsee, und ihre Jungtiere sind bereits im Flachwasserbereich der Gezeitenzone anzutreffen. Seenelken können eine Höhe von bis zu zwanzig Zentimetern erreichen und haben dann Hunderte von kleinen Tentakeln, mit denen sie nach feinem Plankton fischen. Man kann Seenelken sowohl im flachen Wasser auf Miesmuscheln und anderen harten Substraten finden, als auch auf Schiffswracks in größeren Tiefen. Mit eingezogenen Fangarmen sehen Seenelken aus wie flache kleine Teller, doch vollständig ausgefahren erreichen sie leicht eine mehr als zwanzigfache Höhe. Farblich sind sie variabel und können weiß, orange, bräunlich oder gelblich aussehen. Seenelken schnüren von ihrem Fuß Tochterpolypen ab, die sofort selbstständig und lebensfähig sind. Manchmal bilden Seenelken auf entsprechend großen Flächen dichte gleichfarbige Bestände aus, so dass man davon ausgehen kann, dass sie alle vom selben Muttertier abstammen. Damit gehören Seenelken zu den potentiell unsterblichen Tierarten, da das urelterliche Gewebe „ewig" in den Tochterpolypen weiterlebt. Seenelken sind bei guter und gezielter Fütterung mit feinen Schwebstoffen gut und lange in gekühlten Aquarien haltbar. Auch vermehren sie sich hier meist fleißig, doch setzt die Aufzucht der Tochterkolonien viel Mühe bei der Fütterung voraus. Werden sie nicht regelmäßig oder nicht genügend gefüttert, schrumpfen sie immer mehr und gehen schließlich ein. Junge Seenelken können leicht mit der **Wellenbrecheranemone** *Diadumene cincta* verwechselt werden, doch hat letztere erheblich weniger und größere Tentakel.

Vorkommen in Norddeich: Im Hafenbereich an Spundwänden, manchmal an Pazifischen Riesenaustern. Ganzjährig auffindbar, am häufigsten im Sommer.

Wellenbrecheranemone, *Diadumene cincta*   Stephenson, 1925

Die **Wellenbrecheranemone** ist im Mittelmeer genauso zuhause wie in der Nordsee, wobei sie auch in Ästuarien mit niedrigen Salzgehalten vordringt. Sie erreicht nur etwa einen Zentimeter Durchmesser und kann auf den ersten Blick sehr leicht mit Jungtieren der **Seenelke *Metridium senile*** verwechselt werden. Doch hat die Seenelke erheblich mehr und kleinere Tentakel als die Wellenbrecheranemone. Arten wie die Wellenbrecheranemone gehören zu den Gewinnern der Klimaerwärmung und ihr Vordringen in immer nördlichere Areale der Nordsee ist vorprogrammiert. Auch konnte ich es fotografisch dokumentieren, dass die Wellenbrecheranemone Symbiosebeziehungen mit kleinen Einsiedlerkrebsen eingehen kann. Diese Seeanemone fiel mir erstmalig zwischen Miesmuscheltrauben auf, die bei Ebbe an einem Schleusentor trocken gefallen waren. Daher kann man davon ausgehen, dass diese kleinen Seeanemonen mit zu den anpassungsfähigsten Blumentieren der Nordsee gehören, die auch mit den größten Extremen wie Hitze, Kälte und Salzdichteschwan-kungen problemlos klarkommen. Da sie im Sommer in großen Mengen an den Schwimmstegen im Seglerhafen von Norddeich sitzen, kann man davon ausgehen, dass sie darüber hinaus auch eine erhebliche Schadstofftoleranz besitzen. Man kann diese Seeanemone bereits in einem Seeaquarium bei Zimmertemperatur hervorragend halten.

Vorkommen in Norddeich: Im Hafenbereich an Spundwänden, manchmal an Pazifischen Riesenaustern. Ganzjährig auffindbar, am häufigsten im Sommer.

Stamm *Ctenophora* – Rippenquallen

Rippenquallen wurden systematisch als eigener Stamm von den anderen Nesseltieren abgegrenzt, weil sie keine Nesselzellen, sondern Klebezellen zum Beutefang besitzen. Diese wiederum sitzen zumeist an zwei Fangarmen. Außerdem besitzen sie feine Wimpernplättchen, die in symmetrischen Reihen entlang ihrer Körperachse angeordnet sind. Durch die Bewegung dieser Plättchen schwimmen sie aktiv im Wasser, während die Medusen aus dem Stamm der Nesseltiere sich meist nur treiben lassen, oder sich durch Kontraktionen ihres Medusenkörpers mit dem Rückstoßprinzip fortbewegen.

Seestachelbeere, *Pleurobrachia rhodopis*   Chun, 1880

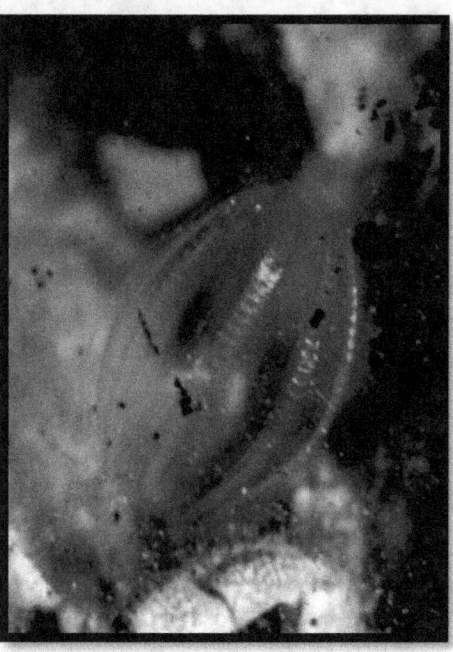

Die **Seestachelbeere** findet man sehr häufig an den Stränden von Nord- und Ostsee. Sie wird etwa zwei Zentimeter lang, kann ihre Tentakel jedoch mindestens zehn Zentimeter lang ausfahren. Seestachelbeeren sind Zwitter, die mit etwa einem Millimeter Länge aus dem Ei schlüpfen. Sie sind dann bereits geschlechtsreif und pflanzen sich sofort fort. Dann bilden sich ihre Keimdrüsen zunächst zurück. Sind sie ausgewachsen, bilden sich ihre Gonaden wieder, und sie können sich nochmals vermehren. Die Eier der erwachsenen Tiere sind dann erheblich größer als die der jungen Generation. Seestachelbeeren sind nur sehr schwierig im Aquarium zu halten, was vor allem daran liegt, dass sie aktive Schwimmer sind, die man nicht so einfach in einem trommelförmigen Becken halten kann wie frei schwebende Medusen. Das Bild links zeigt ein etwa einen Zentimeter großes Exemplar mit teilweise ausgefahrenen Fangtentakeln. Diese können jedoch mindestens noch auf die drei- bis etwa fünffache Länge ausgestreckt werden.

Vorkommen in Norddeich: Im Hafen und am Badestrand, treibt bei Flut frei im Wasser. April bis November.

See-Walnuss, *Mnemiopsis leydi*   A. Agassiz, 1865

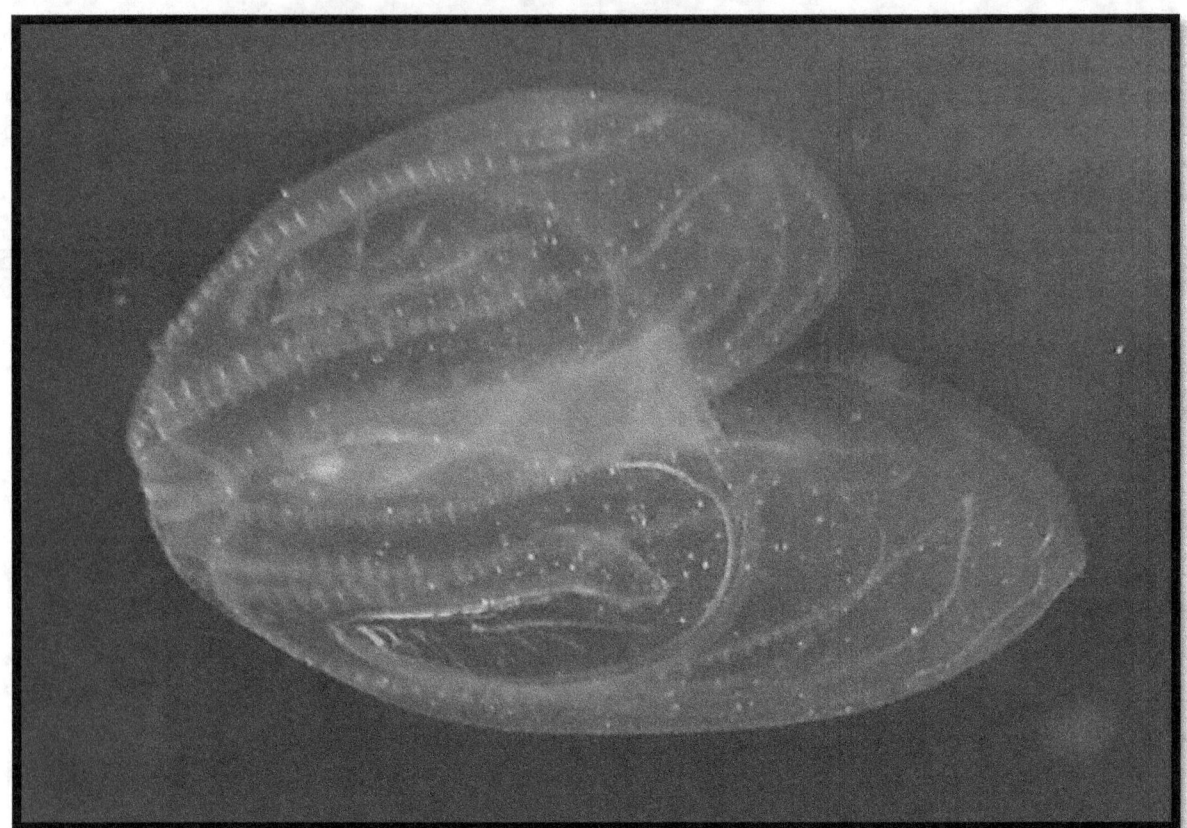

Die **See-Walnuss** war ursprünglich im Schwarzen Meer zuhause und wurde durch den internationalen Schiffsverkehr inzwischen wahrscheinlich weltweit verbreitet. Inzwischen wurde sie nachgewiesen aus dem Mittelmeer, der Nordsee, dem Golf von Mexiko und dem Nordatlantik. Sie erreicht eine Länge von bis zu 10 Zentimetern. Diese Rippenqualle besitzt vier Bänder mit Wimpern, welche ihrer Fortbewegung dienen. Diese Wimpern können im Dunkeln grünlich leuchten. Ihre Beute verschlingt sie, im dem sie ihren Körper regelrecht aufklappt und ihre Beutetiere dann mit ihrem vierfach geteilten Weichgewebe einfach umhüllt. Das massenhafte Auftreten dieser invasiven Art fiel vor wenigen Jahren insbesondere in der Ostsee auf, wo Millionen dieser Rippenquallen wie aus dem Nichts auftauchten und später wieder ebenso verschwanden. Die Dramatik liegt darin, dass diese Rippenquallen allein schon wegen ihrer eigenen Größe problemlos Planktonorganismen als Beute verwerten können. Und dazu gehören dann auch große Mengen von Fischbruten, was die Bestände der so dezimierten Arten drastisch zurück gehen lässt. Deshalb müssen solche invasiven Arten stets einem sorgfältigen Monitoring seitens der zuständigen Fischereibehörden unterzogen werden. Wie und ob man sie bei einem Massenauftreten bekämpfen kann, ist zum gegenwärtigen Zeitpunkt noch völlig unklar.

Vorkommen in Norddeich: Im Hafen und am Badestrand, treibt bei Flut frei im Wasser. April bis November.

Unterstamm *Tunicata* - Manteltiere

Die **Seescheiden** gehören rein taxonomisch betrachtet bereits zu den **Chordatieren (*Chordata*)** und werden als *Ascidiacea* (**Seescheiden**) gemeinsam mit den *Appendicularia* (**Geschwänzte Manteltiere**) und den *Thaliacea* (**Salpen**) zum Unterstamm der **Manteltiere** gerechnet. Da ihre Larven eine *Chorda*, ein wirbelsäulenähnliches Organ, besitzen, werten manche Biologen diese Tiere als Vorläufer der Wirbeltiere. Dabei wird allerdings außer Acht gelassen, dass sich manche Arten auch durch Ausbildung von Seitenknospen vermehren. Ursprünglich versuchte bereits **Aristoteles** vor mehr als 2300 Jahren das Tierreich in Wirbeltiere und Wirbellose aufzuteilen, doch hat es sich gezeigt, dass solch eine pauschale Unterteilung der Tierwelt einige Probleme mit sich bringt. Denn es gibt einige Meerestiere, die im Grunde genommen Zwischenformen darstellen, die man nur sehr schwer einer dieser beiden Kategorien zuordnen kann. Die Seescheiden sind eine dieser problematischen Gruppen. Denn einerseits besitzen ihre Larven eine *Chorda*, die ein wirbelsäulenähnliches Organ darstellt, andererseits zeigen sie sonst keine Merkmale anderer typischer Wirbeltiere wie etwa Gliedmaßen oder ein Gehirn. Manche Seescheiden haben jedoch ein herzähnliches Organ und dazu führende Leitungsbahnen.

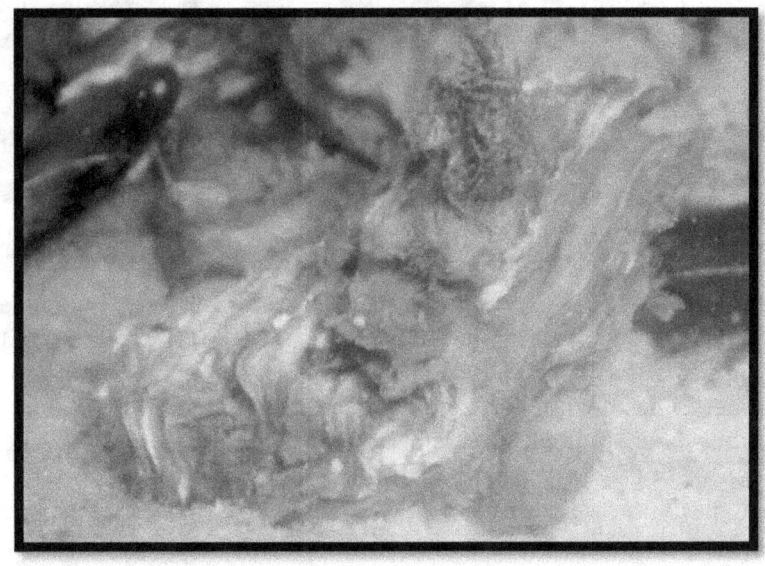

Insofern wäre es nicht verwunderlich, wenn die taxonomische Stellung dieser Tiere eines Tages vollständig revidiert werden würde. Seescheiden leben als Filtrierer, wobei sie sich von den Schwämmen dadurch unterscheiden, dass sie immer eine Ein- und eine Ausströmöffnung besitzen. In Meerwasseraquarien führen sie meistens ein verborgenes Dasein unter Steinen oder hinter der Dekoration, wo sie die Mikrofauna durch ihre filtrierende Wirkung unterstützen. Seescheiden finden sich manchmal bereits im Flachwasserbereich der Gezeitenzone. Dabei kommen sie insbesondere auf Muschelschalen und anderen harten Substraten vor. Im Gegensatz zu den Schwämmen scheinen Seescheiden weniger luftempfindlich zu sein, denn sie können sich bei Bedarf ganz klein zusammenziehen, um so eine drohende Austrocknung zu verhindern. Sie können genau wie beispielsweise Austern feucht und kühl transportiert werden. So fand ich auf den Schalen von Speiseaustern kleine orangefarbene Punkte, die sich im Aquarium als zusammengezogene **Tangbeeren** der **Gattung *Dendrodoa***(siehe Bild oben) entpuppten. Ins Wasser eingesetzt erreichten sie innerhalb von kurzer Zeit wieder ihre ursprüngliche Größe, die etwa zehnmal so groß war wie der stecknadelkopfgroße Punkt, als der sie vorher auf der Austernschale sichtbar waren. Manche Seescheiden gelten bei Gourmets als Delikatesse und werden sogar recht hochpreisig gehandelt. Ob der Geschmack jedoch den hohen Preis rechtfertigt, mag der geneigte Gourmet selbst entscheiden.

Faltenascidie, *Styeala clava*   Pallas, 1774

Die **Faltenascidie** gehört zur Gruppe der **Manteltiere**, die man auch als Seescheiden bezeichnet. Sie erreicht eine maximale Größe von etwa 10 Zentimetern und tritt meist paarweise oder in kleinen Gruppen auf. Sie ist ein typischer Filtrierer, der sich von kleinsten Schwebestoffen im Wasser ernährt. Diese Art gehört zu einer Tiergruppe, deren Larven eine ***Chorda***, das heißt ein wirbelsäulenähnliches Organ besitzen. Aus diesem Grunde zählen manche Systematiker diese Tiere nicht mehr zu den Wirbellosen. Allerdings gibt es in dieser Gruppe auch Arten, die sich durch Seitenknospen vermehren, so dass es schwer fällt, eine solch pauschale Einteilung vorbehaltlos zu akzeptieren. Seescheiden besitzen immer eine Ansaugöffnung und eine Ausströmöffnung, durch die das Wasser gefiltert wird. Bei Ebbe können sie sich auch zusammenziehen, um damit einer möglichen Austrocknung vorzubeugen. So kann diese Art sogar mehrere Tage ohne Wasser überleben. Die Faltenascidie ist aus dem Nordpazifik(Japan und Korea) in unsere Gewässer eingewandert, und man kann sie zwischenzeitlich auf den Ostfriesischen Inseln und auch in geschützten Häfen entdecken. Sie siedeln sich auf harten Substraten an und bevorzugen meist Bereiche, in denen sie bei Ebbe nicht trocken fallen können. Im Frühling und Sommer findet man sie an den Schwimmstegen des Seglerhafens von Norddeich, im Herbst dagegen produzieren sie ihre freischwimmenden Larven und sterben dann ab. In den USA werden jedes Jahr viele Millionen Dollar investiert, um Hafenanlagen und Schiffe von ihnen zu reinigen…

Vorkommen in Norddeich: Im Hafen und an Buhnen. Ganzjährig.

Manhattenseescheide, *Molgula manhattensis* De Kay, 1843

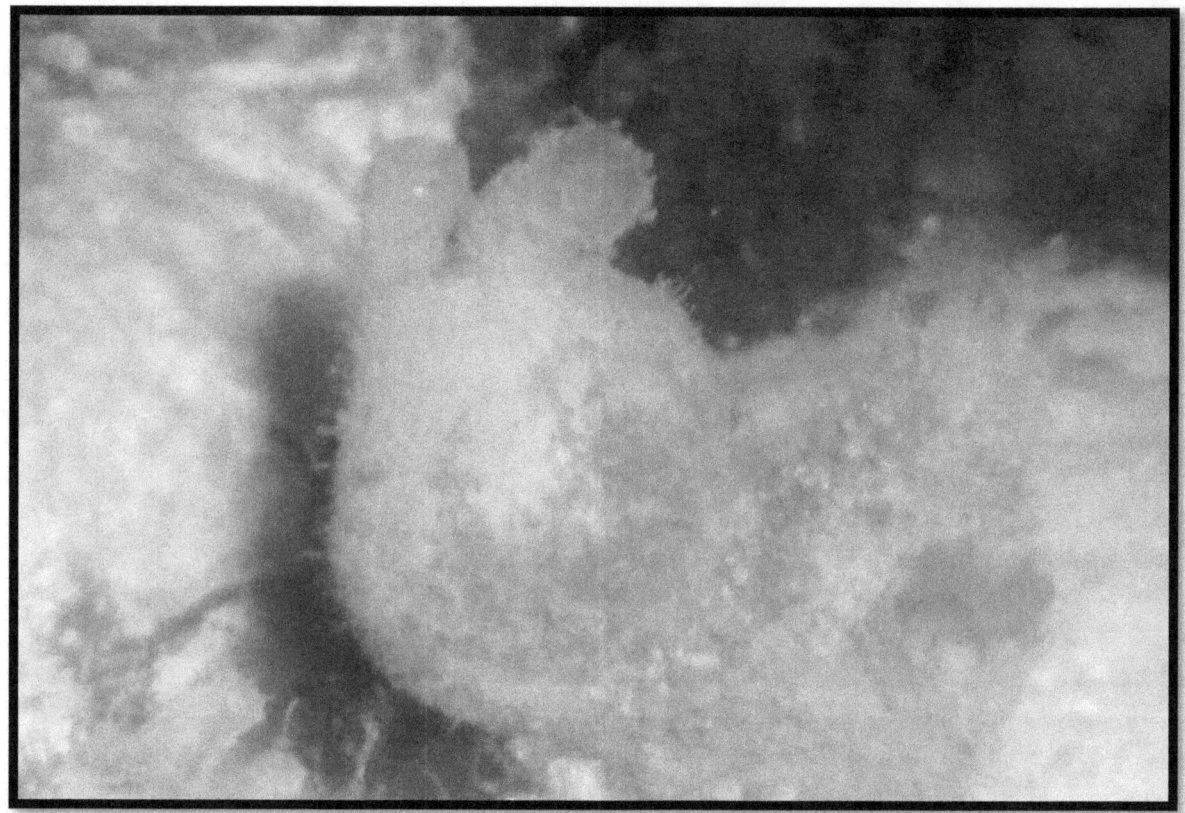

Diese unauffällige weißlich-graue oder transparent erscheinende Seescheide wurde ursprünglich von der Ostküste der USA in unsere Gewässer verschleppt. Sie ist sehr robust und kann oft in großen Mengen oder sogar in Form von übereinander wachsenden Tieren angetroffen werden. Häufig sind sie selbst mit Algen bewachsen. Oft bieten sie anderen Kleintieren ideale Verstecke. Aber auch Jungfische halten sich gerne in ihrer Nähe auf. In Norddeich findet man sie im Seglerhafen an den Schwimmpontons der Bootsanlegestellen. Diese Art kann nicht nur gut in einem biologisch intakten Meerwasseraquarium gehalten werden, sondern sie vermehrt sich hier sogar. Dabei kann man den Nachwuchs der Seescheiden dann oft im Filter finden, wo sie sich von den angesaugten Feinstpartikeln ernähren. Hier wachsen sie dann auch rasch zur Größe ihrer Elterntiere heran. Im Aquarium sind diese Seescheiden nützliche Filtrierer, die sich von Futterresten und Detritus ernähren. Da sie jedoch auch Bojen und Bootsrümpfe besiedeln werden sie von den Eignern meist eher als Schädlinge betrachtet. Denn eine größere Anzahl von ihnen kann die Geschwindigkeit eines Schiffes erheblich mindern und so auch wirtschaftliche Schäden verursachen.

Vorkommen in Norddeich: Im Seglerhafen, an Spundwänden zwischen Austern und an Buhnen. Ganzjährig.

Mäander - Ascidie, *Botrylloides leachii* (Savigny, 1816)

Die **Mäander-Ascidie** kann man nicht nur an den Schwimmstegen des norddeicher Hafens entdecken, sondern man findet sie ebenfalls im Seglerhafen von Norderney und bei anderen Ostfriesischen Inseln. Darüber hinaus kann man wohl sagen, dass sie im 20. Jahrhundert mit der Schifffahrt weltweit verbreitet wurde, denn man kennt sie auch genauso aus dem Schwarzen Meer, dem Mittelmeer, von Neuseeland, aus Australien, aus Südafrika aber auch aus dem Nordatlantik. Sie besiedelt vor allem harte Substrate vom Flachwasser bis in etwa 1000 Meter, was ein erstaunliches Verbreitungsgebiet für eine „Flachwasserart" darstellt. Eine ähnliche Tiefenverbreitung ist auch von der Seenelke Metridium senile bekannt, die man ebenfalls im gleichen Habitat des norddeicher Hafens auffinden kann. Das besondere Kennzeichen dieser Art sind die stets in Doppelreihen angeordneten Zooide, von denen die einzelnen etwa 2 Millimeter hoch sind. Ihre Farbe kann rosafarben, gelblich oder beige sein. Überzogen sind sie mit einer Gallertschicht, und je größer die Kolonie wird, desto weniger gut kann man die charakteristischen Doppelreihen erkennen. Im Frühjahr beginnen zwar die ersten Zooide damit, geeignete Substrate zu besiedeln, doch sind die jungen Kolonien dann noch so klein, dass man sie kaum wahrnehmen kann. Erst im Juni oder Juli fallen sie dann als bunte Flecken auf Austern oder Schwimmkörpern wie Bojen und Fendern auf und erreichen ihren Wachstumshöhepunkt dann im September und Oktober. Im Winterhalbjahr schrumpfen die Kolonien und werden regressiv. Dabei lagern sie ihre Substanz in ompaken Ampullen ein, aus welchen dann im nächsten Frühjahr neue Kolonien entstehen.

Vorkommen in Norddeich: Im Seglerhafen und an Buhnen. Mai bis Oktober.

Sternseescheide, *Botryllus schlosseri* Pallas, 1766

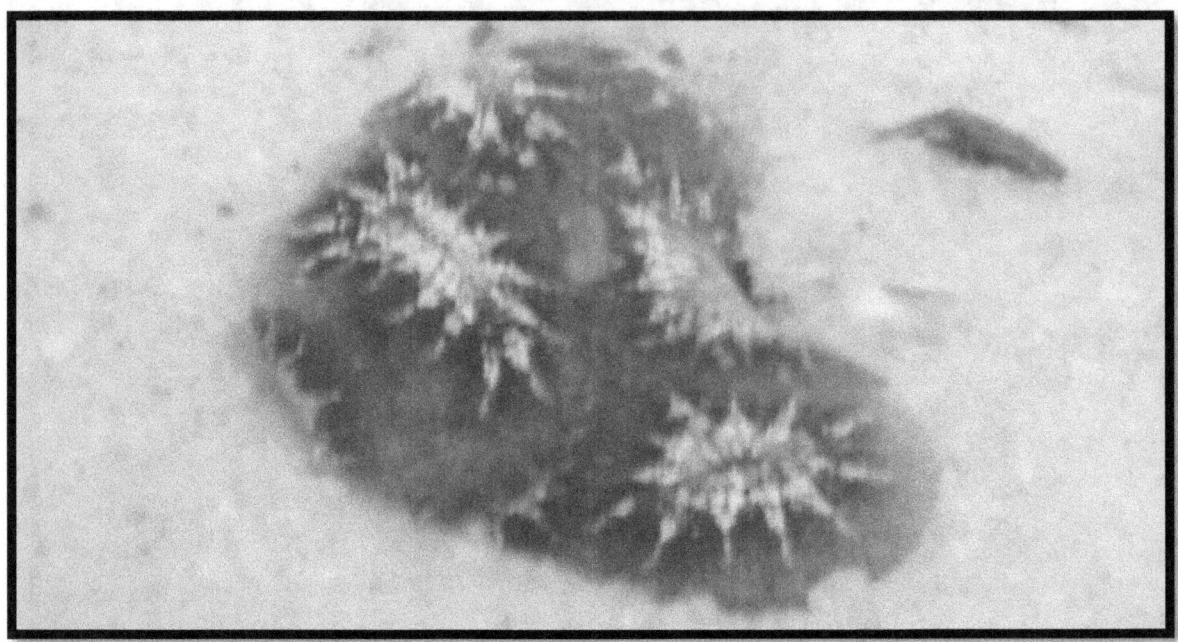

Die **Sternseescheide** ist vom Mittelmeer, um die britischen Inseln herum bis nach Norwegen im Norden verbreitet. Die Art ist wahrscheinlich inzwischen bereits zum Kosmopoliten geworden, da sie durch Schiffe bis nach Nordamerika, Island und selbst bis in den Pazifik hinein ausgebreitet wurde. Diese Seescheide bildet kleine gallertartige Körper aus, die zunächst an einen Schwamm oder eine Qualle erinnern. Diese einzelnen Zooide einer Kolonie erreichen etwa 10 Millimeter Radius und gruppieren sich stets sternförmig um eine gemeinsame Ausströmungsöffnung. Dabei sind sie meist bläulich oder sogar violett gefärbt. Das sternchenförmige Muster auf den einzelnen Zooiden macht diese Art unverwechselbar. Man findet sie vereinzelt an Schwimmpontons, Buhnen und anderen harten Substraten im Flachwasserbereich. Die Sternseescheide ist in einem Kaltwasseraquarium durchaus haltbar und wickelt hier manchmal auch ihren Lebenszyklus ab, wobei sich die adulten Kolonien im Winterhalbjahr auflösen und im Frühling wie aus dem Nichts wieder zwischen den Steinchen des Bodengrundes heranwachsen und neue Kolonien bilden. Die Sternseescheide kann sich sowohl durch die Bildung von Knospen, als auch durch eine geschlechtliche Fortpflanzung mit Hilfe von Eiern und Spermien vermehren. Die Larven dieser Art kann man von Mai bis Oktober auffinden. Man findet sie ebenfalls an den Schwimmpontons des Seglerhafens, doch sind sie zahlenmäßig betrachtet erheblich seltener zu finden als die anderen Ascidien dieses Habitates.

Vorkommen in Norddeich: Im Seglerhafen und an Buhnen. April bis Oktober. Seltener als andere Ascidien des gleichen Habitates.

Klasse *Elasmobranchii* - Plattenkiemer

Alle **Haie** und **Rochen** werden systematisch in die **Klasse** der *Elasmobranchii*, das heißt der **Plattenkiemer**, eingeordnet. Denn sowohl bei den Haien als auch bei den Rochen sind die Kiemen mit knorpelartigen Platten verbunden, die sie anatomisch deutlich von den Knochenfischen unterscheiden. Sehr häufig besitzen Haie und Rochen Spritzlöcher, mit denen sie ihr Atemwasser ansaugen, um es durch die Kiemenspalten wieder herauszupressen. Diese Spritzlöcher finden sich sowohl bei bodenlebenden Arten, als auch bei freischwimmenden Arten. Bei den Bodenarten verhindern diese Löcher, dass Sand in die Kiemen eindringen kann, da die Tiere auf dem Boden liegend das Atemwasser von oben ansaugen und es nach unten wieder herauspressen. Bei den pelagischen Arten sorgen die Spritzlöcher dafür, dass der Hai auch beim Fressen von Beute oder beim sehr schnellen Schwimmen noch genug Sauerstoff für seine Atmung aus dem Wasser ziehen kann. Manche Haiarten sind nachweislich keine wechselwarmen Tiere mehr, da sie in der Lage sind, durch Muskelkontraktionen eine höhere Körpertemperatur als das umgebende Wasser zu erzeugen. Das verschafft ihnen auf der einen Seite einen enormen Vorteil gegenüber wechselwarmen Beutetieren, die nicht mehr so schnell sind, wie der Raubfisch Hai, bedeutet aber auf der anderen Seite auch einen erhöhten Energiebedarf, der relativ viele Beutetiere erfordert. Haie und Rochen besitzen kein Knochenskelett, sondern lediglich eine Wirbelsäule, die aus Knorpeln besteht. Sie haben darüber hinaus meistens stark ausgeprägte Kieferknochen, die jedoch weder mit dem Schädel, noch mit den Zähnen fest verbunden sind. Die Zähne sitzen bei den Haien auf einer Knorpelleiste, wo sie in mehreren Reihen hintereinander angeordnet sind. Dieses Gebiss wird daher auch als Revolvergebiss bezeichnet. Bricht ein Zahn ab oder ist er zu abgenutzt, fällt er heraus, und ein neuer Zahn schiebt sich aus der nächsten Reihe automatisch nach. Darüber hinaus ist die Haut von Haien und Rochen mit kleinen Hautzähnchen bedeckt. Diese sind alle nach hinten ausgerichtet und verbessern die Hydrodynamik der Tiere ganz erheblich. Möchte man einen Hai oder Rochen streicheln, so wird man feststellen, dass das wegen der Hautzähne nur in eine Richtung, nämlich zum Schwanzende des Tieres hin, möglich ist. In der anderen Richtung bleibt man hängen oder zieht sich böse Schürfwunden zu. So berichtet Jack London in einer seiner Südseenovellen davon, wie ein unmenschlicher Sklavenaufseher Sklaven mit einem Handschuh aus Rochenhaut misshandelt und später selbst damit zu Tode gefoltert wird. Auch wurden Haihäute früher zu Schmirgelpapier oder Regenmänteln verarbeitet. Manche bösen Verletzungen, die sich Taucher im Umgang mit Haien zugezogen haben, sind lediglich Schürfwunden gewesen! Haie und Rochen besitzen ein besonderes Sinnesorgan, nämlich die so genannten Lorenzinischen Ampullen. Dabei handelt es sich um mit Schleim gefüllte Kanäle, die im Kopfbereich des Tieres meist um die Schnauze herum angesiedelt und mit dem Gehirn des Tieres vernetzt sind. Mit diesem Organ können die Tiere auch kleinste elektrische Felder im Wasser orten. Da jedes Lebewesen ein eigenes kleines elektrisches Feld besitzt, können die Knorpelfische diesen Elektrorezeptor somit als Beuteradar nutzen. Gleichzeitig ist dieser Elektrosinn ein großes Problem bei der Haltung mancher Haiarten im Aquarium, da sie sich dem Elektrosmog, der in einem Aquarium meistens herrscht, nicht entziehen können, und hier regelrecht verrückt werden. Solche Tiere versuchen meist, aus dem Aquarium zu springen, oder sie schwimmen desorientiert an der Oberfläche herum. Diese Art der Tierhaltung sollte von Institutionen und Öffentlichen Aquarien grundsätzlich vermieden werden, und man sollte sich hier auf die Haltung von bekanntermaßen aquariengeeigneten Haiarten beschränken. Auch wäre es wünschenswert, wenn die Institutionen in Zukunft mehr Haie als bisher nachzüchten und die Nachzuchten ins Meer repatriieren würden, um den natürlichen chronisch überfischten Beständen wieder auf die Sprünge zu helfen. Die

Gefährlichkeit der Haie wird immer wieder stark übertrieben, denn es ist statistisch betrachtet wahrscheinlicher, vom Blitz erschlagen zu werden, als einer Haiattacke zum Opfer zu fallen. Vielmehr verhält es sich umgekehrt: Der Mensch vernichtet jedes Jahr etwa **200 Millionen(!)** Haie, die entweder als Nahrungsmittel verwertet, oder als "wertloser" Beifang einfach weggeworfen werden. Die wenigsten davon fallen Sportanglern zum Opfer, die meisten verenden in den Netzen der kommerziellen Fischfangflotten. Dieser Raubbau an den Haibeständen ist als sehr problematisch anzusehen, weil Haie im ökologischen Gesamtgefüge des Weltmeeres wichtige regulierende Funktionen wahrnehmen müssen. Verschwinden die Haie, können sich bestimmte Tiere, wie beispielsweise Tintenfische, plötzlich übermäßig vermehren und bringen somit das natürliche Gleichgewicht durcheinander, das im Ozean herrschen sollte. Die Folge sind überfischte Meere und Fangflotten, die in den Häfen verrotten, während die Fisch verarbeitende Sekundärindustrie am Festland ebenfalls kollabiert. Darüber hinaus nimmt die Anzahl kranker Fische, die sonst von Haien ausselektiert werden würden, zu, und die verbliebenen Fischbestände können dann wohl kaum noch als "gesund" bezeichnet werden. Problematisch sind eigentlich nicht die Mengen an Haien, die gefangen werden, sondern die langsamen Reproduktionsraten der Haie. So benötigt der weltweit häufigste Hai, nämlich **der Dornhai *Squalus acanthias***, je nach Geschlecht 10-15 Jahre, um überhaupt die Geschlechtsreife zu erlangen. Wenn sich die Fischerei nicht sehr kurzfristig auf nachhaltigere Fischereimethoden umstellt, werden Arten wie der häufigste Hai der Weltmeere bald auf einer Roten Liste stehen, und wie der Weißhai durch das Washingtoner Artenschutzabkommen geschützt werden müssen. Deshalb sollte meiner Meinung nach ernsthaft darüber nachgedacht werden, in der Fischerei für ganze Seegebiete "Sabbatjahre" zu verordnen, um dem, Raubbau Einhalt zu gebieten und den Fischbeständen eine Chance auf Erholung zu geben. Die meisten Haiarten der Nordsee sind für den Menschen harmlos, doch haben Dornhaie Giftstacheln in der Rückenflosse, die unvorsichtigen Fischern zu schaffen machen können. Unter den Rochen wäre hier der gelegentlich in der Nordsee auftauchende **Stechrochen *Dasyatis pastinaca*** zu nennen, der mit Widerhaken versehene Stacheln auf dem Schwanzstiel besitzt, sowie der **Zitterrochen *Torpedo marmorata***, der elektrische Stromstöße austeilen kann. Zu den gefährlicheren Arten gehört der **Heringshai *Lamna nasus***, der zur gleichen Haifamilie wie der bekannte Weiß- oder Menschenhai gehört und in der Nordsee in Schulen von 10-15 Tieren auf die Jagd nach Fischen geht. Zwar sind von dieser Art bisher höchstens Zwischenfälle mit gebissenen Fischern bekannt geworden, doch hat sie ein beachtliches Gebiss und schwimmt manchmal auch ins Süßwasser, wo sie stromauf wandert. Manche gefährlichen tropischen Haiarten werden Hunderte von Kilometern flussaufwärts im Binnenland angetroffen und können dort badenden Menschen tatsächlich gefährlich werden. Insofern sollte einem der Heringshai hier schon zu denken geben. Das Fleisch des Heringshais ist zwar essbar, doch schmeckt es stark nach Ammoniak. Da das Fleisch der meisten Haiarten etwas nach Ammoniak schmeckt, sollte man auf seinen Verzehr lieber verzichten. Die Isländer machen sich den starken Ammoniakgehalt des Haies zunutze, in dem sie den toten Hai einige Wochen in einem besonderen Schuppen aufhängen, und dort ohne weitere Konservierungsmittel "verfaulen" lassen. Durch den Ammoniak konserviert sich der Hai quasi selbst, und kann als "verfaulter Hai" gegessen werden. Ich vermute, dass das Ergebnis so ähnlich schmeckt wie die berühmte "Schillerlocke", das heißt, der geräucherte Bauchlappen des Dornhais. Man kann davon ausgehen, dass solche Spezialitäten in näherer Zeit geradezu unbezahlbar sein werden. Indem man auf solche Delikatessen verzichtet, kann man übrigens selbst einen unmittelbaren Einfluss ausüben, der etwas zum Haischutz beiträgt. Denn was sich nicht gut vermarkten lässt, wird am Markt auch nicht gerne angeboten. Auch der Verzicht auf Haifischflossensuppe und Souvenirs wie präparierte Haie/Gebisse kann hier schon etwas bewirken.

Kleingefleckter Katzenhai, *Scyliorhinus canicula* (Linnaeus, 1758)

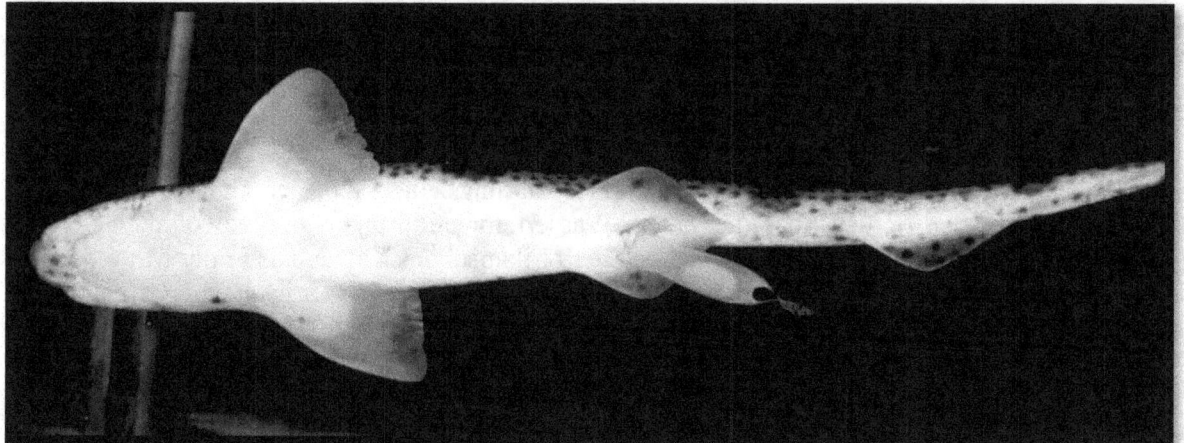

Weibchen des Kleingefleckten Katzenhais bei der Eiablage.

Juvenile Katzenhaie, etwa 20 Zentimeter lang.

Der **Kleingefleckte Katzenhai** ist die häufigste Haiart an den europäischen Küsten. Er kommt sowohl in der Algenzone als auch über Sand- und Geröllböden vor, wobei er in Tiefenbereichen zwischen 10 Metern bis etwa 800 Metern Tiefe nachgewiesen wurde. Maximal werden diese Haie etwa 1,20m lang, und sie können mindestens ein Alter von 9 Jahren erreichen. Katzenhaie sind für die Haltung in Aquarien sehr gut geeignet, da sie nicht so viel Platzansprüche haben wie freischwimmende Haiarten. Da diese Tiere auch im Aquarium Längen erreichen können, die deutlich über 50cm liegen, müssen sie trotzdem in entsprechend großen Aquarien untergebracht werden. Sie fressen Tintenfische, Garnelen, Würmer, kleine Krabben und kleine Fische. Wenn sie nicht gerade auf der Jagd sind, dösen sie faul auf dem Bodengrund vor sich hin und sparen sich so ihre Energie. Katzenhaie werden vorzugsweise bei der Fütterung aktiv, sie verwandeln sich dann in elegante Schwimmer Katzenhaie werden gelegentlich von Meeresanglern geangelt, und sie sind manchmal ein Beifang der kommerziellen Fischerei. Ihr Fleisch hat einen relativ guten Geschmack und schmeckt immer etwas nach Ammoniak. Katzenhaie haben einen ausgezeichneten Geruchssinn und können besonders gut mit Tintenfischstückchen angelockt werden. In einem entsprechend großen Aquarium können auch mehrere Haie untergebracht werden. Häufig schreiten sie unter guten Lebensbedingungen auch zu Fortpflanzung. Diese Haie paaren sich, in dem das Männchen das Weibchen mit seinem sehr flexiblen Körper regelrecht umwickelt, und es mit Hilfe seiner Begattungsorgane, den paarig angeordneten Klaspern, innerlich befruchtet. Einige Wochen nach der Paarung legt das Weibchen gewöhnlich jeweils 2 Eier an Seetangstielen ab, wobei es den Seetang umkreist, damit die Eier sich mit ihren spiralförmigen Haftfäden am Tang richtig verankern können. Insgesamt kann ein Weibchen während einer Paarungszeit 18-20 Eier legen. Die Entwicklungsdauer der Eier ist abhängig von der Wassertemperatur und dauert gewöhnlich 8-10 Monate. Anfänglich kann man in einer frisch gelegten Eikapsel des Katzenhais in der Mitte den Eidotter erkennen. Wenn das Ei nicht befruchtet wurde, löst sich der Dotter nach einigen Tagen in eine breiförmige Masse auf. Wenn das Ei befruchtet wurde, kann man die Entstehung eines Embryos bis zur Weiterentwicklung zum kleinen Hai mit Dottersack studieren. Die Haie schlüpfen erst dann aus dem Ei, wenn der embryonale Dottersack aufgezehrt wurde. Diese Phase der Haizucht ist die heikelste, da die kleinen Haie jetzt an geeignetes Futter gebracht werden müssen. Wenn sie die Futteraufnahme verweigern, sind sie zum Hungertod verurteilt. Die Nachzucht des Kleingefleckten Katzenhais ist schon häufig gelungen und wird deshalb in öffentlichen Schauaquarien oft gezeigt. Katzenhaie haben sehr schöne goldene Augen, welche sie mit einem Augenlid verschließen können. Dieses Augenlid unterscheidet sie von allen anderen bekannten Fischarten. Tote Katzenhaie haben daher häufig geschlossene Augen. Dicht hinter den goldenen Augen haben Katzenhaie ein Spritzloch, durch welches sie das Atemwasser durch ihre 5 Spalten von Plattenkiemen pressen. Dieses Spritzloch stellt eine typische Anpassung an das Bodenleben dar, mit der die Tiere es vermeiden, auf Sand- oder Schlammgrund versehentlich Sedimentpartikel einzuatmen. Beim Schwimmen oder leicht angehobenen Ruhen auf dem Grund können sie selbstverständlich auch durch ihr Maul einatmen. Katzenhaie können auch auf ihren beiden großen Brustflossen durch das Aquarium watscheln und bieten so einen possierlichen Anblick. Dieser wird häufig noch dadurch verstärkt, dass sie sich aalähnlich schlängelnd fortbewegen. Aus der Nähe betrachtet kann man deutlich die raue Haut des Katzenhais sehen. Haie haben keine Schuppen wie andere Fische, sondern ihre Haut setzt sich aus vielen kleinen nach hinten gerichteten Zähnchen zusammen. Deshalb kann man Haihaut auch nur mit der Schwimmrichtung nach hinten streicheln, und nicht umgekehrt. Diese Hautzähnchen verbessern die Hydrodynamik des Hais, so dass er im Bedarfsfall sehr schnell schwimmen kann, da die Hautzähnchen den Wasserwiderstand beim

Schwimmen mindern. Haie haben die Fähigkeit, schwache elektrische Felder mit Stromspannungen von bis zu 10 Milliardstel Volt über einem Kubikzentimeter Meerwasser zu orten. Diese Fähigkeit besitzen sie Dank kleiner schleimgefüllter Kanälchen an ihrem Kopf, die diese elektrischen Impulse an das Gehirn weitermelden. Diese mit einer Gallertmasse gefüllten Röhren können mehrere Zentimeter lang sein. Diese Kanäle werden auch als Lorenzinische Ampullen bezeichnet, da sie schon im 17. Jahrhundert von dem Naturforscher Stefano Lorenzini beschrieben wurden. Der Beschreiber war sich allerdings der Funktion dieses Sinnesorgans als Elektrorezeptor noch nicht bewusst. Somit haben die Haie ein weiteres Sinnesorgan, mit dem sie Beutetiere aufspüren können, da jedes Lebewesen ein schwaches elektrisches Feld besitzt. Katzenhaie können damit selbst in der lichtlosen Tiefsee noch Beute finden, die sich im Bodengrund vergraben hat. Gegen dieses Beuteradar haben die Opfer des Katzenhais keine Chance!

Kopfporträt mit sichtbarem Augenlid, welches von unten nach oben geschlossen werden kann. Die hellen Punkte unterhalb des Auges und der Nasenspitze sind die Ausgänge der Lorenzinischen Ampullen, mit welchen der Katzenhai die elektromagnetischen Felder seiner Beutetiere orten kann.

Vorkommen in Norddeich: Möglicherweise im Watt vor Norddeich. Krabbenfischer fangen diese Haie gelegentlich zwischen Norddeich und den vorgelagerten Inseln. Leider sind solche Fänge eher selten!

Hundshai, *Galeorhinus galeus* (Linnaeus, 1758)

August 2013, Hai Alarm im Norddeicher Hafen! Ein Krabbenfischer aus Norddeich hatte vor der Insel Juist insgesamt 3 junge **Hundshaie** gefangen. Offensichtlich pflanzen sich diese Haie hier erfolgreich fort. Die Weibchen dieser Art bringen lebende Junge zur Welt, die zwischen 35 und 50cm lang sein können. Den größten dieses Trios entließen wir sofort wieder in die Freiheit, da er deutlich mehr als einen halben Meter Länge maß. Die anderen beiden wurden zu Fotozwecken lebend mitgenommen, wobei das eine Exemplar 35cm lang war, das andere etwa 45cm. Leider überlebte der kleine Hai nur bis zum nächsten Morgen – sein Bauch wies Druckstellen auf. Offensichtlich hatte er beim Einholen des Netzes zu viel Netzdruck abbekommen, so dass er wegen innerer Organschäden starb. Das andere Exemplar hielt sich etwa drei Tage im Aquarium, starb dann aber leider an einer bakteriellen Infektion. Eigentlich sollten aus diesen Tieren Aquarientiere für ein Öffentliches Aquarium werden, doch in der Praxis zeigte es sich, wie schwer es ist, Wildfänge einzugewöhnen. Der Hundshai wurde deshalb in den Kanon der hier vorgestellten Arten aufgenommen, um zu verdeutlichen, dass es durchaus denkbar ist, dass sich Jungtiere dieser Art von den vorgelagerten Inseln in Richtung norddeicher Watt verirren könnten. Hundshaie gehören zu den subtropischen Haiarten, die weltweit verbreitet sind. Sollte sich die Nordsee in absehbarer Zeit noch stärker erwärmen, so werden sich solche Fänge mit Sicherheit häufen. Hundshaie werden nur etwa zwei Meter lang und ernähren sich von kleinen Fischen und Krebsen, so dass sie für den Menschen ungefährlich sind. Obwohl ihr Fleisch wegen des hohen Ammoniakgehaltes fast ungenießbar ist, erfreut sich diese Art großer Beliebtheit bei den Sportanglern. Vermutlich, weil es eben ein Hai ist. Und Haie sind rar geworden in der Nordsee. Einen lebenden Hai zu sehen oder gar in der Hand zu halten ist auch in der Tat ein besonderes Erlebnis, das man nicht so schnell vergisst. Und die Experten mögen sich jetzt darum streiten, ob solche Fänge ein weiterer Beleg für die fortschreitende Klimaerwärmung oder für eine Erholung der Fischbestände sind. Vielleicht trifft aber auch schlichtweg beides zu. Hinter dem Auge besitzen Hundshaie ein Spritzloch, welches sie auch zum Atmen nutzen. Dieses stellt eine Anpassung an eine bodenorientierte Lebensweise dar. Hundshaie können aber auch freischwimmend angetroffen werden, weshalb ihre Haltung in öffentlichen Aquarien umstritten bleibt und immer wieder für Schlagzeilen in der Boulevardpresse sorgt.

Vorkommen in Norddeich: Möglicherweise im Watt vor Norddeich wie im Text beschrieben. Nur im Sommer.

Klasse *Actinopterygii* - Strahlenflosser

Zu den **Strahlenflossern** gehören die weitaus meisten Fischarten, die es auf unserem Planeten gibt, und ihr Körperbau unterscheidet sich ganz erheblich von dem der Knorpelfische. Knochenfische besitzen ein in fast allen Teilen miteinander verbundenes Innenskelett. Ihre Bezahnung ist meistens fest im Kiefer verankert, und ihre Flossen werden mit knochigen Stachelstrahlen gestützt. Außerdem haben die meisten Fischarten **Ganoidschuppen** auf dem ganzen Körper, die mit einer schützenden Schleimschicht verbunden sind. Es gibt nur sehr wenige schuppenlose Fischarten, hierzu gehören beispielsweise einige Welsarten und einige Aalartige. Bemerkenswert ist es, dass es auch etliche Fischarten gibt, die einen regelrechten Knochenpanzer auf dem Körper tragen, so dass es schon fast so erscheint, als ob sie ein Außenskelett ähnlich dem mancher Niederer Tiere hätten. Dazu gehören in der Nordsee Arten wie der **Steinpicker** *Agonus cataphractus* oder das **Seepferdchen** *Hippocampus hippocampus*. Die meisten Knochenfische besitzen im Gegensatz zu den Haien und Rochen eine Schwimmblase, mit der sie ihren Auftrieb im Wasser regulieren können. Dabei handelt es sich um ein mit Gas oder Öl gefülltes Organ, welches sich entsprechend dem Tiefendruck des umgebenden Wassers ausdehnen oder zusammenziehen kann. Taucht ein Fisch zu schnell aus großer Tiefe auf, dehnt sich die Schwimmblase zu schnell aus, und seine inneren Organe werden meist so stark beschädigt, dass er daran verendet. Deshalb müssen Fische, die aus großen Tiefen geholt werden, langsam dekomprimiert und an andere Druckverhältnisse angepasst werden, wenn sie den Fang überleben sollen. Viele bodenlebende Fischarten der Nordsee haben jedoch keine Schwimmblase oder nur eine sehr kleine reduzierte Schwimmblase, wie zum Beispiel der **Seewolf** *Anarhichas lupus* oder der **Seeteufel** *Lophius piscatorius*. Deshalb sind solche Arten für die Haltung in Öffentlichen Schauaquarien gut geeignet, während andere Arten wie beispielsweise der **Hering** *Clupea harengus* bereits sehr empfindlich auf den Verlust einzelner Schuppen beim Fang reagieren, von veränderten Druckverhältnissen einmal ganz abgesehen. Meerwasserfische müssen ständig Wasser trinken, weil das im Meerwasser enthaltene Salz dem Körper des Fisches ständig Flüssigkeit entzieht. Das überschüssige Salz des Meerwassers wird dann von den Fischen durch spezielle Drüsen an den Kiemen und über die Nieren wieder ausgeschieden. Süßwasserfische dagegen müssen ständig das in ihren Körper eindringende Wasser mit Hilfe ihrer Nieren wieder ausscheiden, weshalb sie ständig ins Wasser urinieren. Manchen Fischarten, speziell den wandernden Arten wie der **Meerforelle** *Salmo trutta* oder dem **Aal** *Anguilla anguilla* gelingt die Umstellung vom Meer- auf Süßwasser und umgekehrt problemlos, während andere Arten ein Umsetzen in das jeweils andere Milieu nur sehr kurze Zeit vertragen. Manche Meeresfische wandern auch deshalb in Süßgewässer ein, um sich hier von lästigen Parasiten zu befreien, die durch eine Änderung der Salinität absterben, da ihr Organismus die rasche Umstellung auf andere osmotische Verhältnisse nicht verträgt. Es gibt auch Süßwasserfische, die genau umgekehrt verfahren. So findet man beispielsweise den **Flussbarsch** *Perca fluviatilis* häufig in Küstennähe und manchmal sogar in Fischreusen im Watt. Auch der **Neunstachelige Stichling** *Pungitius pungitius* kann in seltenen Fällen im Watt gefunden werden, obwohl er eigentlich ein reiner Süßwasserfisch ist. Mit den Fischen der Nordsee kann man immer wieder Überraschungen erleben, was vor allem daran liegt, dass die Fische die Bücher, die über sie geschrieben wurden, nicht gelesen haben. Man sollte niemals pauschale Behauptungen glauben, die irgendwann einmal von irgendwelchen "klugen" Leuten aufgestellt wurden, und sich vor Verallgemeinerungen hüten. Auch ist es hinsichtlich der Debatte um die fortschreitende Klimaveränderung sehr schwierig geworden, einzuschätzen, wie sich die Zusammensetzung der Nordseefauna in Zukunft darstellen wird. Denn es ist zurzeit bei vielen Arten noch nicht genau erkennbar, ob ihr Rückgang mit dem wärmeren Klima oder der allgemeinen Überfischungssituation zusammenhängt. Doch ist es bei manchen Arten durchaus vorhersehbar, dass wärmere Temperaturen sie zum Ablaichen in immer nördlicheren Gefilden zwingen, da sie sich bei höheren Temperaturen nicht reproduzieren können. Das hängt damit zusammen, dass viele Arten eine winterliche Kältephase für die Reifung ihrer Gonaden (Geschlechtsprodukte) benötigen. Bleibt die Kältephase aus, stellen sie die Vermehrung ein. Dieses Problem ist auch aus kommerziellen Aquakulturen und der Aquarienhaltung von Fischen bekannt, trifft aber nicht nur auf Fische, sondern auch auf Wirbellose zu. Gleichzeitig sind bereits jetzt deutliche Tendenzen erkennbar, dass immer mehr Fischarten, die eigentlich in südlicheren Gefilden schwimmen, den Norden als Lebensraum erschließen. Daher sollte es sorgfältig beobachtet werden, wenn Arten wie die **Gestreifte Meerbarbe** *Mullus surmuletus*, die eigentlich typischer Weise im Ärmelkanal vorkommen und in der südlichen Nordsee ablaichen, sich plötzlich quietschvergnügt in der Mündung der Elbe tummeln. Solche Faunenverschiebungen sind deshalb so problematisch, weil man nicht genau sagen kann, welche Auswirkungen diese auf das gesamte ökologische Gefüge der Nordsee haben werden. Für die Fischereiwirtschaft können diese

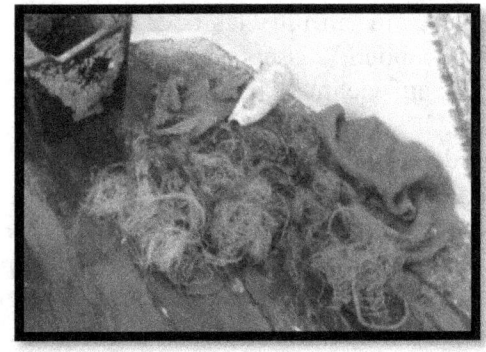

Änderungen manchmal zum Ruin ganzer Fangflotten führen, aber auch neue Chancen mit sich bringen. So gingen zum Beispiel während der 1980er Jahre wegen schrumpfender Bestände der Heringe die Heringsfangflotten zugrunde, während Fischer, die sich auf die plötzlich angewachsenen Makrelenschwärme umstellten, von dieser Änderung profitierten. Daher wird in Zukunft von den Fischern ein erhebliches Maß an Flexibilität gefragt sein, sich kurzfristig auf den Fang anderer Arten umzustellen. In einigen Fällen ist das jedoch nicht möglich. So werden in letzter Zeit von den Krabbenfischern immer wieder gewisse Mengen an Sardinen gefangen, die leider zu klein sind für den menschlichen Verzehr. Auch werden saisonal kleine Tintenfische gefangen, die ebenfalls nicht kommerziell verwertet werden können. Daher ist es jetzt schon absehbar, dass die kleinen Kutter, die noch auf die Nordsee fahren, um Sandgarnele und Seezunge zu fangen, in Zukunft weniger werden, da die Erträge sinken und international arbeitende Firmen ihre Existenzen gefährden. Deshalb sollte man als Küstentourist diese kleinen Kutter frequentieren, die Ausflugsfahrten für Touristen anbieten, um mitzuhelfen, die Existenzen der Küstenbewohner zu sichern. Auch sind direkt von einem Kutter gekaufte Fänge nicht nur ganz frisch, sondern schmecken auch besonders gut. Ich werde es nie vergessen, wie gut mir eine direkt an Bord gebratene frisch gefangene Seezunge geschmeckt hat - so etwas kann einem kein Feinschmeckerrestaurant bieten! Bei vielen Fischarten werden von der EU bereits Fangquoten verordnet, doch werden diese häufig von ausländischen Fabrikschiffen unter fernöstlicher Flagge unterlaufen. Wenn der Raubbau am Meer künftig nicht eingedämmt wird, wird die Nordsee nicht nur ein fischfreies Gewässer sein, sondern die Fangflotten werden in den Häfen verrotten, weil der Fang unrentabel geworden ist. Oder, anders ausgedrückt, wie es der nordamerikanische Indianerhäuptling Seattle vor mehr als 100 Jahren formulierte: "Erst wenn der letzte Fisch gefangen ist, (...), werdet ihr erkennen, dass man Geld nicht essen kann." Unsere Fischer aus Norddeich beteiligen sich übrigens selbstverständlich an der Reinhaltung des Meeres und bringen gefangenen „Plastikmüll" zur Entsorgung in den Hafen(siehe kleines Bild). Darüber hinaus haben die meisten von ihnen auch das MSC-Siegel für ihre nachhaltigen Fischereimethoden erhalten. Trotzdem sind einige Fischarten infolge des Klimawandels in ihrer Existenz in der südlichen Nordsee bedroht.

Fünfbärtelige Seequappe, *Ciliata mustela* (Linnaeus, 1758)

Die **Fünfbärtelige Seequappe** besitzt fünf Barteln, wovon eine auf dem Unterkiefer sitzt, die anderen dagegen auf dem Oberkiefer. Mit diesen Tastorganen spüren sie kleine Beutetiere auf. Dieser Fisch erreicht eine maximale Körperlänge von etwa 25cm und ist damit wirtschaftlich unbedeutend. Sie lebt im Flachwasserbereich zwischen Algenbeständen bis in etwa 20 Meter Tiefe und ist auch ein regelmäßiger Beifang der Krabbenfischerei. Sie gehört zu den nachtaktiven Tieren und verhält sich im Aquarium ebenso. Ihre Farbe ist bronzefarben, ihre Schuppen sind sehr klein, und daher machen sie insgesamt eher einen aalartigen Eindruck, der durch die ihre schlängelnde Schwimmweise noch verstärkt wird. Ihrem Laichgeschäft gehen die adulten Quappen mitten im Winter nach, wo sie in Tiefen deutlich unterhalb der Gezeitenmarke ablaichen. Sie sind schnelle Schwimmer, und man kann ihre Jungtiere mit dem Rahmenkescher am besten fangen, indem man ihn einfach schnell durch ein Algenfeld zieht. Man findet diese meistens in Beständen des Meersalates Ulva lactuta. Im Flachwasserbereich findet man im Sommer meistens 5-6cm lange Jungtiere, die etwas an Kaulquappen erinnern. Ein besonderes Merkmal macht diese Seequappen unverwechselbar: Wenn sie schwimmen, dann bewegen sich die ersten Flossenstrahlen der Rückenflosse so schnell, dass sie im Wasser zu flimmern scheinen. Als Fische mit reduzierter Schwimmblase überleben auch diese Quappen den Fang durch einen Kutter, so dass man sie noch gut als lange haltbaren Aquarienfisch verwenden kann.

Vorkommen in Norddeich: Im Hafenbereich, manchmal im Watt zwischen Algen. Von April bis November.

Hering, *Clupea harengus* Linnaeus, 1758

Der **Hering *Clupea harengus*** ist ein pelagischer Schwarmfisch, der immer in Bewegung ist. Er wird maximal etwa 40 Zentimeter lang und kann bis zu 25 Jahre alt werden. In der Natur jagen sie bathypelagisch lebende Copepoden, denen sie bei ihren Wanderungen im Tag-Nacht-Rhythmus von der Oberfläche in tiefere Regionen folgen. Beim Wiederaufstieg aus der Tiefe müssen die Heringe dann kleine Gasblasen aus ihrer Schwimmblase ausatmen, damit der Druckunterschied sie nicht zerreißt. Diese Bläschen verursachen ein Blubbern an der Wasseroberfläche, an welchem die Fischer früher die Heringsschwärme ausmachten. Lebende Heringe für die Aquarienhaltung zu beschaffen ist schwierig, weil alle heringsartigen Fische sehr empfindlich gegen den Verlust von Schuppen sind. Dieses quittieren sie meist mit dem Ableben. Daher ist es sinnvoller, sich Heringslaich aus Algenbeständen zu beschaffen und die Jungtiere aufzuziehen. Sie benötigen geräumige Großbecken, in denen idealer Weise eine starke Strömung herrscht, gegen die sie auch anschwimmen können. Anderenfalls könnten sie sich sonst an den Scheiben oder hinter Einrichtungsgegenständen verklemmen. Heringe sind ausgezeichnete Speisefische, deren Hauptvorteil darin liegt, dass man sie auf vielfältige Weise zubereiten oder haltbar machen kann. Die Überfischung von Heringsbeständen hat dazu geführt, dass sich die Futterkonkurrenten des Herings, wie z.B. die **Sardine *Clupea pilchardus*** und die **Sprotte *Clupea sprattus*** stärker vermehren konnten. Früher wurden Heringe oft in Salzlake eingepökelt und der armen Landbevölkerung zum Essen gegeben. Hätte man den Landarbeitern gesagt, dass Heringe eine Delikatesse sind, so hätte man gewiss mit seinem Leben gespielt, da sie häufig sieben Tage in der Woche Hering aus dem Fass zu essen bekamen... In Norddeich kann man manchmal an bestimmten Buhnen Heringe zwischen vier und sechs Zentimetern Größe bei ablaufendem Wasser mit dem Rahmenkescher fangen. Sie sind jedoch sehr fragile Geschöpfe, die bei geringsten Verletzungen, wie etwa dem Verlust von Schuppen, sehr schnell ableben. In dieser Größe sind sie von anderen Heringsfischen nicht leicht zu unterscheiden, so dass eine genaue Artbestimmung letztlich nur an einem toten Exemplar vorgenommen werden kann. Denn Hering, Sprotte und Sardine sehen sich so ähnlich, dass selbst Experten Probleme haben, diese auseinander zu halten. Sprotten haben am Bauch gekielte spitze Schuppen, während Sardinen oft kleine schwarze Punkte auf den Seiten aufweisen.

Hier ein frischtoter Hering vom Kutter. Man beachte die leuchtenden Farben!

Vorkommen in Norddeich: Im Hafen, an Buhnen, im Watt. Mai bis Juli.

Aal, *Anguilla anguilla* (Linnaeus, 1758)

Der Aal ist ein katadromer Wanderfisch, der zum Ablaichen in die Sargasso-See wandert. Deshalb kann man ihn ganzjährig sowohl im Süß-, als auch im Meerwasser antreffen. Im Süßwasser nennt man ihn Gelbaal, im Seewasser bezeichnet man den Aal als Blankaal. Männchen erreichen Längen von etwa 50 Zentimeter, Weibchen dagegen können bis zu 1,30 Meter lang werden. Aale sind Allesfresser, die nicht nur kleine Fische und Krebse, sondern auch Aas fressen. Günther Grass schildert in seinem Roman "Die Blechtrommel", wie ein Pferdekopf im Fluss versenkt wurde, um die Aale zu fangen, die sich dann darin und daran gütlich tun. Diese Aalfangmethode ist nicht nur Fiktion eines Romans, sondern war früher allgemein verbreitet. Eine weitere Methode des Aalfangs bestand darin, Aale mit bunten Wollfäden zu ködern. Diese verhaken sich an den Schlundzähnen des Aals, so dass man ihn daran aus dem Wasser heben kann. Die Aale spucken die Fäden erst am Land wieder aus, und sie sind auch in der Lage, tief geschluckte Angelhaken wieder auszukauen. Heutzutage werden Aale meistens mit beköderten Reusen oder mit Angeln gefangen; im Wattenmeer sind sie manchmal Beifänge der Krabbenfischer. Aale haben einen sehr empfindlichen Geruchssinn, mit dem sie ihr Heimatgewässer untrüglich orten können, auch wenn sie Tausende von Kilometern davon entfernt sind. Man hat herausgefunden, dass ihr Geruch so empfindlich ist, dass sie einen Fingerhut voll Rosenöl, verdünnt mit der 58fachen Menge des Wasservolumens des gesamten Bodensees, immer noch riechen können. Darüber hinaus hat man herausgefunden, dass Aale elektrische Felder orten können. Möglicherweise finden sie mit der Kombination dieser beiden Methoden ihre Laich- und Heimatgewässer. Der Lebenszyklus eines Aals beginnt im karibischen Sargassomeer: Aus den Eiern schlüpfen winzige Weidenblattlarven, die man als Leptocephalus bezeichnet. Diese schwimmen mit dem Golfstrom in Richtung Europa. Kurz bevor sie die Flussmündungen erreichen, wandeln sie sich dann in durchsichtige kleine Aale um, die man in diesem Stadium als Glasaale bezeichnet. Lokal werden die Glasaale abgefischt und entweder für den Besatz von Binnengewässern mit Aalen verwendet, oder als Delikatesse gebraten. An dieser Stelle sei darauf hingewiesen, dass Aale zwar ausgezeichnete Speisefische sind, dass ihr Blut jedoch giftig ist. Deshalb darf man Aal niemals roh genießen. Aal kann man räuchern, kochen oder braten. Aale haben ein besonderes Nervensystem, weshalb sie auch noch relativ lange zucken können, nachdem sie getötet wurden. Deshalb müssen Angler sie nach Vorschrift auch mit einem Kreuzschnitt ins Genick töten. Aale sind ausgezeichnete Aquarientiere, die viele Jahre lang erfolgreich gehalten werden können. Eine Haltungsdauer von 88 Jahren soll bereits belegt worden sein. Das ist insbesondere deshalb eine erstaunlich lange Zeit, weil Aale in der Regel im Alter von 6-7 Jahren die Geschlechtsreife erlangen können, und danach anfangen, in ihre Laichgebiete abzuwandern. Für eine dauerhafte Aquarienhaltung müssen einige Dinge sorgfältig geplant und berücksichtigt werden. Zunächst einmal sollte bedacht werden, dass Aale eine extrem schleimige Haut besitzen, die es auf jeden Fall unmöglich macht, die Tiere mit den Händen festzuhalten. Ggf. müssen die Tiere daher mit einem großen Kescher gefangen, oder in eine Reuse oder einen Eimer bugsiert werden, um sie umsetzen zu können. Das Aquarium muss möglichst gut abgedeckt sein, da Aale Meister darin sind, den Behälter durch kleinste Spalten zu verlassen. Deckscheiben müssen evtl. durch Steine oder ähnliches beschwert werden. Im Aquarium sind sie so etliche Jahre gut haltbar, doch sollte man stets berücksichtigen, dass sie große Raubfische sind, die alles, was sie von ihren Mitbewohnern als Beute bewältigen können, auch fressen. Dieses gilt insbesondere für alle Arten von Krebstieren, die sich dann und wann häuten müssen, und dann vom Aal erbeutet werden. In Binnenseen wurden daher auch direkte Zusammenhänge zwischen der Bestandsgröße von Aal-

und Flusskrebspopulationen nachgewiesen. Leider sind Aale wegen Überfischung und anderer Gründe heute stark bedroht, so dass beispielsweise die EDEKA-Handelskette den Handel mit Aalprodukten eingestellt hat.

Im Sommer 2018 ließ sich im norddeicher Hafen immerhin ein einzelner Aal an einem Schwimmsteg auffinden, der ungefähr 10 Zentimeter lang war. Ein kleines Hoffnungszeichen, trotz Hitzewelle. Hoffen wir, dass die Schutzmaßnahmen zu einem Comeback der Aale führen!

Vorkommen in Norddeich: Im Hafenbereich. Als Glasaal im Frühjahr ab April sehr vereinzelt zu finden. Selten!

Seeskorpion, *Myoxocephalus scorpius* (Linnaeus, 1758)

Jungtier des Seeskorpions von etwa 4 Zentimetern Gesamtlänge.

Der **Seeskorpion** ist ein Vertreter aus der **Familie** der **Groppen(***Cottidae***)**, dessen Männchen eine Gesamtlänge von bis zu 90 Zentimetern erreichen können. Dieser Fisch gehört zu den arktischen Fischarten und kommt auch im Westatlantik von der James Bay im Norden bis nach New York im Süden vor, außerdem auch vor den Küsten Grönlands und Islands. Man findet ihn auch im südlichen Teil der Barents-See, die das Weiße Meer mit einschließt, bei Spitzbergen, der Jan-Mayen-Insel und im Arktischen Meer. Darüber hinaus kommt er um Großbritannien herum, in der Nordsee, in der Ostsee, im Ärmelkanal und im Süden bis zur Biskaya vor. Seeskorpione besitzen entgegen ihrem Namen keinen Giftstachel, aber haben Stacheln in Rückenflosse und Kiemendeckeln. Deshalb muss man mit ihnen sehr vorsichtig hantieren, um sich nicht daran zu stechen. Denn Stiche an Stachelflossen können Schleim und Bakterien in die Wunde befördern und somit heftige Infektionen auslösen. Wurde man gestochen, sollte man daher möglichst rasch dafür sorgen, dass die Wunde möglichst gut ausblutet; ist man gerade am Meer, kann man dann noch mit Salzwasser nachspülen, was in jedem Falle eine desinfizierende Wirkung hat. Der Seeskorpion ist ein häufiger Beifang der Krabbenfischer und gehört mit zu den häufigsten Fischen im deutschen Wattenmeer. Seeskorpione sind Winterlaicher und laichen von Dezember bis März ab, so dass man ab April ihre Jungtiere zwischen Algenbeständen im Flachwasserbereich finden kann. Dabei werden bis zu 2500 Eier in Klumpen, meist zwischen den Algen, abgelegt. Seeskorpione sind sehr gefräßig und fressen alles, was sie überwältigen können, inklusive kleinerer Artgenossen. Dabei reicht die Bandbreite ihrer Beutetiere von Würmern, Amphipoden und Krebsen bis hin zu allen möglichen Fischen. Dabei müssen letztere nicht unbedingt kleiner sein als der Seeskorpion, weil dieser sein Maul extrem weit aufreißen kann und auch große Beutetiere leicht verschlingen kann. Im Aquarium ist diese Art gut und ausdauernd haltbar. In Norddeich kann man mit etwas Glück junge Seeskorpione zwischen dem Algenbewuchs an den Hafenpontons auffinden, wo sie auf kleine Beutetiere lauern. Sie sind dann etwa

20-50mm groß. Man kann sie allerdings nur zu Gesicht bekommen, wenn man mit einem kleinen Rahmenkescher vorsichtig die kleinen Algenbüschel an der Spundwand der Schwimmpontons abstreift. Dort kommen sie sympatrisch mit dem Butterfisch, verschiedenen Flohkrebsen und Meeresasseln vor. Es ist sehr reizvoll, solche Jungfische in einem Meeresaquarium aufzuziehen und sie wieder ins Meer zu setzen, wenn sie zu groß geworden sind. Dies ist eine sehr schonende Form der Aquaristik, wobei die natürlichen Ressourcen der Fische erhalten und geschützt werden können, anstatt sinnlos Tiere zu verbrauchen. Obwohl die kleinen Seeskorpione sehr possierlich aussehen, darf man sich von diesem Eindruck nicht täuschen lassen. Denn sie sind arge schnellwachsende Räuber, die manchmal sogar ihre kleineren Artgenossen vertilgen, sofern diese in ihr Maul passen. Und dieses können sie bei Bedarf blitzschnell und überraschend gewaltig groß aufreißen.

Vorkommen in Norddeich: Im Seglerhafen; als Jungtier zwischen dem Algenbewuchs an den Hafenpontons. April bis Juli.

Butterfisch, *Pholis gunnellus* (Linnaeus, 1758)

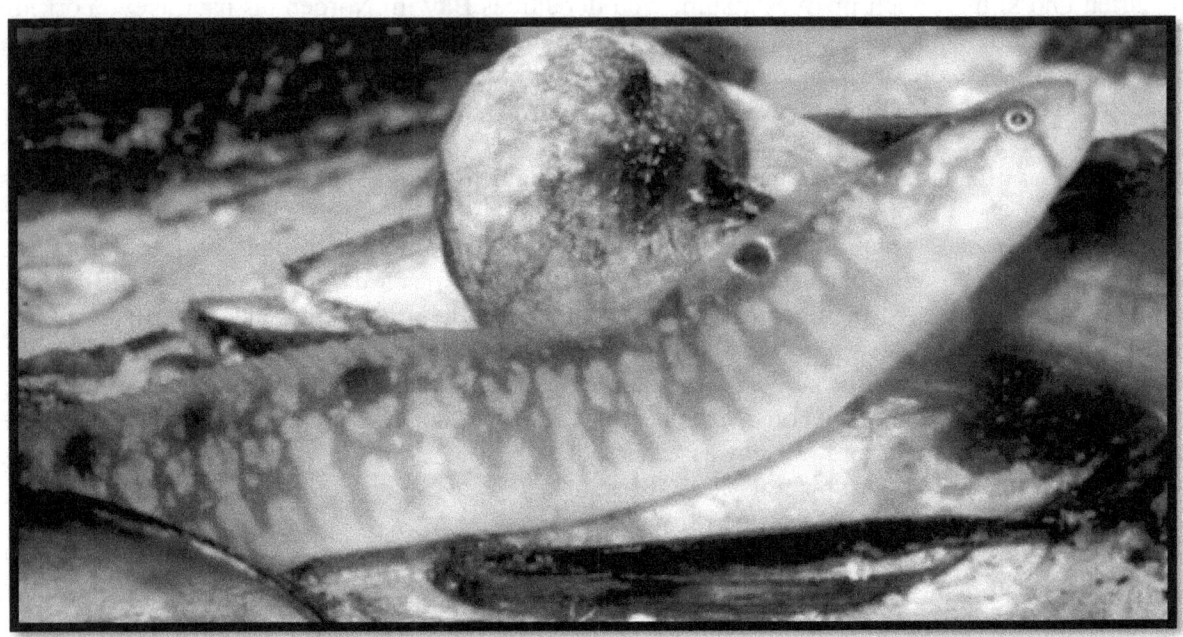

Juveniler Butterfisch von ca. 50mm Länge zwischen den Rotalgen, die auch an den Hafenpontons wachsen. In dieser Größe fressen sie winzige Planktontiere wie Ruderfußkrebse und Krebslarven.

Der **Butterfisch** gehört mit zu den arktischen Arten, die auf der Nordhalbkugel weit verbreitet sind. So findet man ihn auch auf der anderen Seite des Atlantiks. Die Population in der Nordsee stellt eines der südlichsten Vorkommen dieser Art dar. Er wird bis zu 25 Zentimeter lang und ist ein häufiger Beifang der Krabbenfischer. Diese Tiere kann man im seltenen Ausnahmefall bei Ebbe in der Nähe von Buhnen zwischen Steinen antreffen, in der Regel leben sie jedoch deutlich unterhalb der Gezeitenmarke im Sublitoral bis etwa 30m Tiefe. Im Winter ziehen sie sich dann in noch größere Tiefen zurück. Butterfische weisen einen deutlichen Sexualdimorphismus auf, an dem man die Geschlechter einfach unterscheiden kann. Männchen haben eine gelbe Kehle und sind im Ausnahmefall auch komplett gelb gefärbt, während die Weibchen eher braun und unscheinbar sind. Von dieser Gelbfärbung der Männchen leitet sich auch der deutsche Name des Butterfisches ab. Von November bis Januar pflanzen sich die Butterfische fort, in dem die Weibchen einen großen Klumpen Eier in eine leere Muschelschale oder unter einem Stein ablegen. Diese Klumpen enthalten gewöhnlich 80 - 200 Eier und werden vom Männchen bis zum Schlupf der etwa 9mm langen Jungfische bewacht. Danach leben diese bis zu einer Länge von 3 Zentimetern im Plankton und gehen dann erst zum Bodenleben über. In Norddeich kann man mit etwas Glück junge Butterfische zwischen dem Algenbewuchs an den Hafenpontons auffinden, wo sie auf kleine Beutetiere lauern. Sie sind dann etwa 40-60 Millimeter lang. Man kann sie allerdings nur zu Gesicht bekommen, wenn man mit einem kleinen Rahmenkescher vorsichtig die kleinen Algenbüschel an der Spundwand der Schwimmpontons abstreift. Dort kommen sie sympatrisch mit juvenilen Seeskorpionen, verschiedenen Flohkrebsen und Meeresasseln vor. Mit diesen verbergen sie sich gemeinsam zwischen den ebenfalls an der Spundwand wachsenden Seescheiden und Algen. Am liebsten halten sich diese bis zu 60mm langen Jungfische dabei zwischen braunen und roten Algen auf, wo sie Jagd auf kleine Flohkrebse und Asseln machen. Das ist nicht ganz ungefährlich, denn auch die kleinen Seeskorpione lauern hier auf alles, was sie überwältigen können. Außerdem können sie sich durch den Verzehr der Kleinkrebse auch mit Darmparasiten infizieren, die sich speziell auf den Befall der Butterfische spezialisiert haben. Abschließend sei noch angemerkt, dass auf dem Nörder Wochenmarkt angebotene geräucherte Stücke vom „Butterfisch" selbstverständlich nicht von diesen hier beschriebenen kleinen grazilen Tieren stammen. Sondern es handelt sich dabei meist um geräucherte Filetstücke vom arktischen Seewolf aus dem Nordatlantik, der selbstverständlich ein viel größerer Fisch als unser kleiner Butterfisch aus dem Hafen ist. Dieser Räucherfisch schmeckt leicht ähnlich wie Makrele. Man darf davon jedoch keine größeren Mengen verzehren, da das Fleisch sonst wie ein Abführmittel wirkt... Aufgrund dieser Verwechslungen bei deutschen Namen von Fischen empfehle ich, im Zweifelsfall den lateinischen Namen zu ermitteln. Hilfreich sind hier Internetplattformen wie fishbase.org, marine-species.org oder zipcodezoo.com. Denn lateinische Namen sind sehr eindeutig und gute Internetplattformen stellen auch mögliche Synonyme dar, die möglicherweise noch in der Literatur existieren, die aber in vielen Fällen durch Revisionen ungültig geworden sind.

Vorkommen in Norddeich: Im Seglerhafen; als Jungtier zwischen dem Algenbewuchs an den Hafenpontons. April bis Juli.

Dicklippige Meeräsche, *Chelon labrosus* (Risso, 1826)

Die **Dicklippige Meeräsche** kann bis zu 75 Zentimeter lang werden. Sie ist vom Mittelmeer bis in den Nordatlantik bei Island verbreitet, und kommt im Süden sogar an der atlantischen Küste Afrikas bis zum Äquator hin vor. Auch in Nord- und Ostsee ist sie häufig anzutreffen. Als wärmeliebende Fischart zeigen auch ihre wachsenden Bestände die fortschreitende Klimaerwärmung an. Meeräschen sind die einzigen vegetarisch lebenden Fische an den europäischen Meeresküsten, die sich lediglich von Algen und Kleinpartikeln ernähren, die sie mit den Dornen in ihren Kiemen aus weichem Substrat filtern. Meeräschen werden auch als Speisefische genutzt, doch sind sie hier mehr in den mediterranen Ländern gefragt. Selbst große Meeräschen kann man manchmal in großen Prielen und Entwässerungsgräben beobachten, in die sie beispielsweise durch eine Sturmflut verdriftet wurden. Da sie für die gefiederten Beutegreifer aus der Luft meist zu groß oder zu schnell sind, können sie sich hier hervorragend halten, wenn sie genügend Nahrung finden. Meeräschen sind im Aquarium gut haltbare Tiere, die auch tierisches Futter wie beispielsweise klein gehackte Sandgarnelen und Heringsfleisch annehmen. Insofern stellt sich an dieser Stelle die Frage, ob sie auch in der Natur tatsächlich immer so vegetarisch leben, wie das in der allgemeinen Literatur behauptet wird. Denkbar wäre es nämlich auch, dass die Meeräschen zusammen mit ihrer Algennahrung diverse Kleintiere mitfressen, die an den Algen sitzen. Möglicherweise werden die Algen auch nur gefressen, um an diese Kleintiere, wie z.B. Asseln und Flohkrebse, zu gelangen. Somit wäre die Meeräsche kein echter Vegetarier, sondern eher ein Wolf im Schafspelz! Meeräschen leben meist in Schwärmen. Sie laichen im Ärmelkanal und bei Irland ab, sowie im mediterranen Gebiet. Ihre Jungtiere wandern dann während des Sommers immer weiter nach Norden und erschließen sich in zunehmendem Maße die dortigen Küstenhabitate. Meeräschen sind auch essbar, doch zumindest in Deutschland nicht allzu beliebt bei den Fischessern. Dafür erfreuen sie sich in Südeuropa und anderen südlichen Küstenländern einem höheren Beliebtheitsgrad. Junge Meeräschen lassen sich verhältnismäßig einfach aufziehen, wenn man sie schonend und vorsichtig mit einem Netz einfängt, sie fachgerecht transportiert und dann langsam an das heimische Salzwasseraquarium gewöhnt. Das Aquarium muss gut abgedeckt sein, da sie sonst aus dem Becken springen können. Auch darf man sie nicht mit größeren Fischen zusammensetzen, die ihnen gefährlich werden können. Sie sind dankbare Aquarienpfleglinge, die fast jedes Futter willig annehmen. Bei der Eingewöhnung sollten sie fein geriebenes Flockenfutter und feine Meeresalgen erhalten. Im Gegensatz zu vielen anderen so genannten „Schwarmfischen", die dann im Aquarium alles andere als Schwarmverhalten zeigen, schwimmen diese Meeräschen tatsächlich am liebsten gemeinsam durch das Aquarium, wobei sie die Mitte bis zur Oberfläche meist bevorzugen. Man kann sie problemlos mit anderen kleinen und mittelgroßen Fischen vergesellschaften, und auch eine Vergesellschaftung mit harmlosen Garnelen und Krebsen ist möglich. Doch der eigentliche Reiz bei der Haltung dieser Tiere ist es, sie auf eine gewisse Größe heranzuziehen und dann wieder auszuwildern. So kann man erfolgreich eine neue Form der Aquaristik betreiben, nämlich die „Ausleihaquaristik". Und dieser Umgang mit den Tieren kann uns dazu führen, in ein ganz neues und respektvolles Verhältnis zur Natur zurück zu gelangen. Außerdem lernt man so, den Zug der jungen Meeräschen nach Norden bewusst wahrzunehmen und daraus Folgerungen über die aktuelle Entwicklung von Wetter, Klima oder Jahreszeiten zu ziehen.

Dieses Jungtier hat eine Körperlänge von 100 Millimetern erreicht. Das Tier wurde im September des Vorjahres gefangen und wuchs bis zum Juli 2013 bei Zimmertemperatur gehalten von etwa 20 Millimetern Länge auf diese Größe heran.

Vorkommen in Norddeich: Am Badestrand, von September bis Oktober. Hier können zwei bis drei Zentimeter lange Jungfische angetroffen werden, vorzugsweise bei Flut.

Kleiner Sandaal, *Ammodytes marinus* (Raitt, 1934)

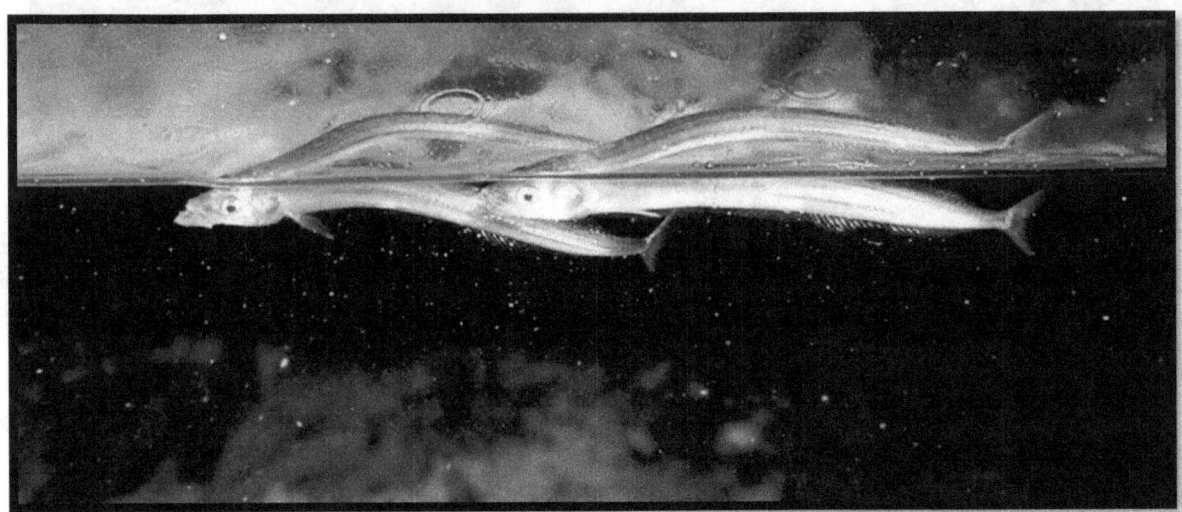

Der **Kleine Sandaal**, **Sandspierling** oder auch **Tobiasfisch** kann bis zu 20 Zentimeter lang werden und ist im Sommer ab der Gezeitenzone im Flachwasserbereich zu finden. Im Winter zieht er sich dann in Tiefen von 20 bis 50 Metern zurück. Für diese Art ist ihre hydrodynamische Stromlinienform und die damit verbundene schlängelnde Schwimmweise charakteristisch, womit der Sandaal zu den schnellsten Schwimmern des Wattenmeeres gehört. Der Sandaal ist trotz seiner geringen Größe eine kommerziell wichtige Art, die vor allem in Dänemark in riesigen Mengen angelandet wird. Die Tiere werden dann meist zu Fischmehl oder Tierfutter weiterverarbeitet. Nur ausgewachsene Exemplare können auch als Speise- oder Köderfische genutzt werden. Der Sandaal ist ein typischer Bewohner des Sandgrundes und kann sich in diesen bei Gefahr blitzschnell eingraben. Dabei kann es sogar passieren, dass der Fisch bei Ebbe im trockengefallenen Sandboden des Watts oder in kleinen Ebbepfützen zurückbleibt. Ich habe selbst vor einigen Jahren aus Versehen ein solch eingegrabenes Exemplar totgetreten. Vor allem im Sommer kann man Schwärme von kleineren Exemplaren in Küstennähe entdecken. Von oben betrachtet sehen sie aus, wie stricknadeldicke kleine Schlangen. Wenn man versucht, sie zu fangen, graben sie sich blitzschnell ein oder schwimmen weg. Im Aquarium lassen sie sich nur halten, wenn sie genug Sand zum Eingraben haben. Außerdem neigen sie besonders dazu, aus dem Aquarium zu springen, weshalb der Behälter gut abgedeckt sein sollte. Am besten ist es, einen kleinen Schwarm zu halten, da diese Tiere ohnehin schon sehr scheu sind und Fluchtdistanzen einhalten. Ihre Ernährung ist heikel, da sie als Planktonfresser feinstes Futter benötigen.

Vorkommen in Norddeich: Im Hafenbereich, manchmal im Watt in den Prielen. Von April bis November. Im April jedoch nur als halblarvale Jungtiere bis etwa 4 Zentimeter Länge ohne Körperpigmente, die völlig transparent sind.

Kleine Seenadel, *Syngnathus rostellatus*   Linnaeus, 1758

Die **Kleine Seenadel** kann eine Länge bis zu 20cm erreichen und kommt in der Nord- und Ostsee vor. Sie hält sich meist in geringen Tiefen von der Flachwasserzone bis in etwa 20 Meter Tiefe auf. Die Kleine Seenadel ist wohl einer der häufigsten Vertreter ihrer Familie, und kann bei Ebbe häufig in der Nähe von Algen angetroffen werden. Aufgrund ihrer meist grünbräunlichen Färbung kann man sie von oben durch die Wasseroberfläche meist nicht sehen, und man fängt sie mit dem Rahmenkescher eher zufällig. Auch kann man sie in Hafenbecken mit dem beköderten Senknetz fangen, da sie sich offensichtlich von dem Geruch frischer Beutetiere anlocken lässt. Besonders gegen Saisonende im Oktober kann man sie in großen Mengen im Flachwasserbereich des Wattenmeeres antreffen. Die Art kann im Aquarium bei entsprechend guter Fütterung mit Lebendfutter gehalten und auch nachgezüchtet werden. Das kleine Foto zeigt ein Männchen, welches am deutlich verbreiterten Bauch zu erkennen ist. Hier bildet sich eine Bruttasche, in welche das Weibchen die Eier legt, welche dann vom Männchen befruchtet und ausgetragen werden, bis die voll entwickelten jungen Seenadeln ausschlüpfen. Das hier gezeigte Exemplar wurde im Juni aufgefunden und stand kurz vor der Paarung.

Vorkommen in Norddeich: Am Badestrand und im Hafen.
Von April bis November. Jungtiere sind ab Juni zu finden.

Dreistacheliger Stichling, *Gasterosteus aculeatus*, Linnaeus, 1758

Der **Dreistachelige Stichling** ist ein weit verbreiteter Fisch, der maximal 11cm lang wird. Man findet diesen universellen Fisch in Süß-, Brack- und Seewasser. Man könnte den Dreistacheligen Stichling auch als Pionierfisch bezeichnen, denn durch Wasservögel wird häufig seine Brut in andere Gewässer und Kleinstgewässer verschleppt, die er dann erfolgreich besiedelt. Stichlinge sind extrem anpassungsfähig, und man kann sie sogar vorsichtig vom Süß- auf das Meerwasser umgewöhnen. Vom Dreistacheligen Stichling werden drei verschiedene Morphen anhand der Lateralplatten auf ihren Körperseiten unterschieden:
1. *Forma trachurus* mit Lateralplatten durchgängig von Brustflosse bis Schwanzstiel;
2. *Forma semiarmatus* mit Lateralplatten auf Köpermitte und Schwanzstiel und
3. *Forma leiurus* mit Lateralplatten nur in der Körpermitte.

Marine Stichlinge gehören gewöhnlich der *Forma trachurus* oder *semiarmatus* an, während die *Forma leiurus* nur im Süßwasser gefunden wird. Aufgrund dieser verschiedenen Formen wurden in der Vergangenheit mindestens 33 unterschiedliche Stichlingsarten beschrieben, die jedoch in Wirklichkeit nur eine Art mit verschiedenen Morphen ist. Man findet den Dreistacheligen Stichling vor allem im Flachwasser der Hafenmolen, wo er als Jungfisch in großen Schwärmen auftritt. Stichlinge findet man seltener auch in den Prielen des Watts. Gelegentlich kann man hier auch den **Neunstacheligen Stichling** *Pungitius pungitius* finden, der sonst jedoch eher im Süßwasser lebt und nicht so salztolerant ist wie der Dreistachelige Stichling. Adulte Dreistachelige Stichlinge leben als Einzelgänger. Bei dieser Art färbt sich die Kehle des Männchens in der Laichzeit rot, beim Neunstachler dagegen schwarz. Stichlingsmännchen bauen aus Algen- und Pflanzenteilen ein Nest, in das sie die Weibchen durch den sogenannten Zickzacktanz hineinlocken. Nachdem die Weibchen hier ihre Eier abgelegt haben, werden sie vom Männchen vertrieben, welches nun die Eier besamt. Die Jungen werden bis zum Schlupf bewacht. Danach schwimmen die Jungen bereits frei und gehen auf die Jagd nach Infusorien und anderen Kleintieren. Stichlinge werden nur 1-2 Jahre alt, und die meisten Alttiere sterben im Winter ab. Stichlinge in einem Aquarium zu beobachten und zu vermehren ist sehr reizvoll, doch muss man sich mit der Ernährung der Tiere viel Mühe geben, da sie ständig Lebend- oder Frostfutter benötigen. Außerdem dürfen sie nicht dauerhaft zu warm gehalten werden. Wenn ein Stichling von einem Raubfisch gepackt wird, bereitet er diesem einen unerwarteten "Genuss", in dem er seine stilettartigen Bauchflossenstacheln ausklappt und zusätzlich die Stacheln seiner ersten Rückenflosse aufstellt. Den meisten Raubfischen ist solch eine Mahlzeit zu stachelig, und sie spucken den Stichling wieder aus. Im schlimmsten Fall verkeilt sich der Stichling so unglücklich in Mund oder Rachen des Räubers, dass dieser ihn nicht mehr ausspucken kann. Dann verenden Räuber und Beute gemeinsam. Dieses passiert vorzugsweise kleinen Hechten, da die Zähne des Hechtes nach hinten gerichtet sind, um die Beutefische nicht mehr entkommen zu lassen. Die Gefährdung des Dreistacheligen Stichlings ist lokal sehr verschieden, doch sind seine Vorkommen eher im Binnenland durch das Zuschütten und Ausbaggern kleiner Gewässer bedroht. Allgemein sind die Dreistachler die wohl robusteste und anpassungsfähigste der drei bei uns vorkommenden Stichlingsarten.

Weibchen des Stichlings – man beachte die knochigen Lateralplatten auf der Körpermitte.

Männchen des Stichlings mit rötlicher Kehle.

Vorkommen in Norddeich: Am Badestrand und im Hafen, von April bis Oktober. Im Ortsteil Westermarsch kommen sie in den teichähnlichen Wasserlöchern in der Nähe der Salzwiesen gemeinsam mit der Brackwassergarnele *Palaemonetes varians* vor.

Wolfsbarsch, *Dicentrarchus labrax* (Linnaeus, 1758)

Der **Wolfsbarsch** ist einer der größten in der Nordsee vorkommenden Barsche, denn er kann eine Länge von bis zu einem Meter bei einem Gewicht von bis zu 12 Kilogramm erreichen. Er ist weit verbreitet und kommt von Island im Norden, um die Britischen Inseln herum, in der Nordsee, im Mittelmeer, im Schwarzen Meer und im Ostatlantik südlich bis nach Marokko vor. Dabei findet man ihn gelegentlich auch in Brack- und Süßwasser. Im Wattenmeer werden sie ab und zu von den Krabbenfischern als Beifang angelandet, doch überleben sie den Fang nicht immer, da auch sie empfindlich auf den Netzdruck reagieren. Als typische Bewohner von Ästuarien und Lagunen machen die Jungtiere des Wolfsbarsches in diesen Habitaten in kleinen Schulen Jagd auf Mollusken, Krebse und Fische. Als erwachsene Tiere leben sie einzelgängerisch, und wandern während des Winters in tiefere Zonen bis etwa 100 Meter Tiefe ab. Der Wolfsbarsch wird als sehr geschätzter Speisefisch in Aquakulturen gehalten und vermehrt und hat gutes weißes und festes Fleisch. Wolfsbarsche sind gewaltige Raubfische, die alles fressen, was sie bewältigen können, und sind in entsprechend großen Aquarien gut und lange zu halten. Und auch bei den Anglern an der deutschen Nordseeküste erfreuen sie sich großer Beliebtheit! Im Sommer 2011 konnte ich einige juvenile Wolfsbarsche von etwa 2-3 Zentimetern Länge im Hafenbecken von Norddeich auffinden.

Juvenile Wolfsbarsche im Aquarium, etwa 10 Zentimeter lang. Wolfsbarsche wachsen sehr schnell, sie können in wenigen Monaten um mehrere Zentimeter Länge wachsen.

Vorkommen in Norddeich: Im Hafen, als Jungtier in den Sommermonaten. Dann gewöhnlich nur wenige Zentimeter groß. Hält sich gerne in Oberflächennähe auf.

Sandgrundel, *Pomatoschistus minutus* (Pallas, 1770)

Die **Sandgrundel**, die auch als **Strandkühling** bezeichnet wird, ist wohl der häufigste im Watt vorkommende Fisch überhaupt, dessen Population im Hochsommer die höchste Dichte erreicht. Sie wird meist etwa 5-6 Zentimeter groß und höchstens 1-2 Jahre alt. Sandgrundeln sind eine wichtige Nahrungsquelle für diverse Seevögel, aber auch für größere Fischarten. Es gibt etliche verschiedene Arten von kleinen Grundeln, die in Küstennähe vorkommen, und eine genaue Unterscheidung ist manchmal gar nicht so einfach. Die Sandgrundel lebt vor allem bodenorientiert und ist farblich so perfekt an die braune Farbe des Watts angepasst, dass man sie von oben nur schwer entdecken kann. Sie legen ihre Eier zwischen leeren Muschelschalen ab, wo sie sich bei sommerlichen Temperaturen rasch entwickeln. Männchen haben in der Rückenflosse einen charakteristischen Augenfleck, mit dem sie Nebenbuhlern imponieren und um Weibchen werben. Sie sind bereits in kleinen Aquarien ausgezeichnet haltbar, und die Nachzucht der Sandgrundel soll hin und wieder auch schon einigen Aquarianern gelungen sein. Wenn man Sandgrundeln gezielt sucht, sollte man bei Ebbe vor allem in Prielen und Ebbepfützen nachsehen, wo man sie im Sommer in großer Anzahl zusammen mit der **Sandgarnele** *Crangon crangon* und der **Schwebegarnele** *Mysis spec.* häufig antreffen kann. Im Frühsommer machen sich die Grundel oft rar in den Prielen von Norddeich. Die meisten Exemplare trifft man mit zunehmender Häufigkeit des Planktons dann im Hochsommer und Herbst an. Dann haben die Grundeln selbst auch schon für Nachwuchs gesorgt und man kann oft hunderte kleine Grundeln in nur einer einzigen Gezeitenpfütze auffinden.

Vorkommen in Norddeich: Am Badestrand, im Watt und im Hafenbereich von April bis November. Ab Juni/Juli in großen Mengen in den Prielen und Ebbepfützen, wo sie sympatrisch mit der Sandgarnele *Crangon crangon* und der Schlammgrundel *Pomatoschistus microps* vorkommen.

Schlammgrundel, *Pomatoschistus microps* (Krøyer, 1838)

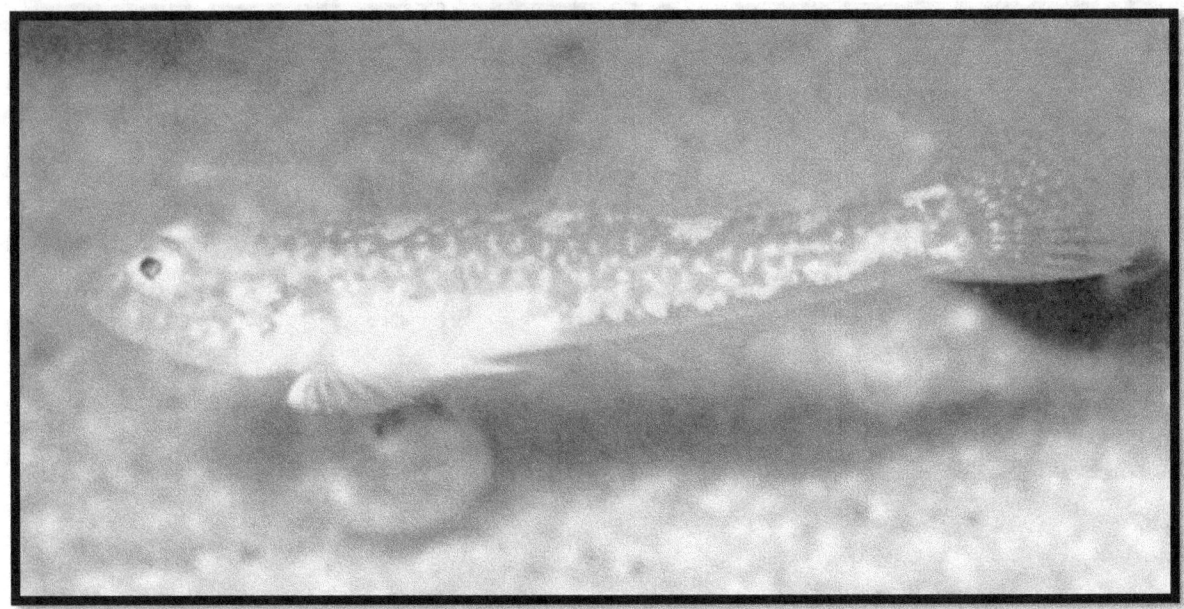

Die **Schlammgrundel** sieht der **Sandgrundel** zum Verwechseln ähnlich. Sie erreicht eine Länge von bis zu 6,5 Zentimetern und weist an der Basis der Brustflosse einen dunklen Fleck, sowie diverse rotbraune Flecken in der Rückenflosse auf. Diese Grundel kann auf Kiesböden und schlammigen tonhaltigen Substraten gefunden werden, weshalb sie mit zur typischen Fauna von Norddeich gehört. Auch kann diese Grundel im Brackwasser und in Flussmündungen gefunden werden. Die Art kann ein Alter von bis zu drei Jahren erreichen, wobei sie an einigen Lokalitäten nur einmal ablaicht und dann stirbt, an anderen Habitaten aber bis zu zweimal für Nachwuchs sorgen kann. In der Praxis kann man diese Art kaum von der Sandgrundel unterscheiden, da beide Arten im gleichen Lebensraum vorkommen. Die Schlammgrundel dringt dabei aber sogar in Tiefenbereiche von bis zu 30 Metern vor und ist damit nicht nur ein Bewohner der flachen Tidenbereiche des Wattenmeeres. Die Schlammgrundel vermehrt sich im Sommer und gehört mit zu den häufigsten Fischarten im Watt. Sie frisst vor allem kleine Krebstiere und sonstige Bodentiere und dient selbst vielen Vögeln und größeren Fischen als Nahrung. Sie gehört mit zu den wenigen Fischarten der Nordsee, die auch ohne größeren technischen Aufwand in einem Salz- oder Brackwasseraquarium erfolgreich gehalten und vermehrt werden können.

Vorkommen in Norddeich: Am Badestrand, im Watt und im Hafenbereich von April bis November. Ab Juni/Juli in großen Mengen in den Prielen und Ebbepfützen, wo sie sympatrisch mit der Sandgarnele *Crangon crangon* und der Strandgrundel *Pomatoschistus minutus* vorkommen.

Seezunge, *Solea solea* (Linnaeus, 1758)

Die **Seezunge** ist ein saisonal häufiger Plattfisch, der während seiner Laichsaison auch freischwimmend in der Nähe der Oberfläche gesichtet wird. Der beliebte Speisefisch wird hochpreisig gehandelt und schmeckt frisch gebraten am besten. Wenn man schon einmal das Glück hatte, eine Seezunge direkt nach dem Fang an Bord eines Kutters essen zu können, weiß man, warum dieser Fisch zu Europas

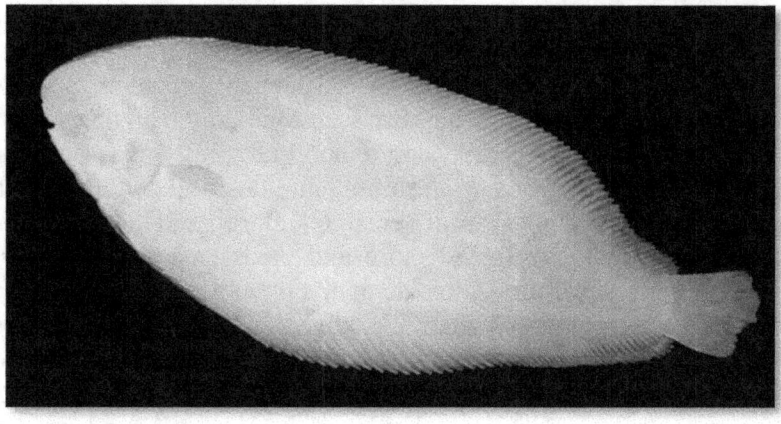

besten Speisefischen gehört. Manchmal werden fehlfarbene Seezungen gefangen, wobei es sowohl Albinos als auch melanistische Tiere gibt. Seezungen sind grundsätzlich gut haltbar, haben aber zwei fatale Neigungen. Die eine ist die, durch kleinste Spalten in der Abdeckung aus dem Aquarium zu springen, und die andere, sich hinter Steinaufbauten tödlich einzuklemmen. Charakteristisch für Seezungen sind die eigenartige Form ihres Maules und die rautenförmigen Schuppen. Mit den kurzen fransenartigen Anhängseln am Saum ihres Kopfes können sie ihre Beutetiere ertasten. Seezungen sind spezialisiert darauf, Muscheln, Würmer und andere kleine wirbellose Bodentiere zu fressen. Seezungen können bis zu 20 Jahre alt werden, eine Körperlänge von 60cm und ein Gewicht von bis zu 3 Kilogramm erreichen. Solche großen Exemplare sind jedoch aufgrund der allgemeinen Überfischung eher selten geworden.

Vorkommen in Norddeich: Am Badestrand, in den Prielen des Watts und im Hafen. Von April bis Oktober. Hier können meist zwei bis fünf Zentimeter lange Jungfische angetroffen werden. Sehr selten!

Scholle, *Pleuronectes platessa* Linnaeus, 1758

Die **Scholle** dürfte der mit Abstand häufigste und wirtschaftlich wichtigste Plattfisch des Watts sein. Schollen können zwar bis zu einem Meter lang werden, doch sind solche Fische aufgrund der allgemeinen Überfischung eine sehr seltene Erscheinung geworden. Sehr große Exemplare leben meistens auch nicht im Watt, sondern in mehr als 100 Metern Tiefe, wo sie dann als aktive Räuber anderen Fischen nachstellen. Schollen schwimmen gewöhnlich mit dem auflaufenden Wasser auf das Watt und gehen hier auf die Jagd nach Sandgarnelen, Wattwürmern und kleinen Fischen. Mit dem Ebbestrom ziehen sie sich dann wieder in das tiefere Wasser zurück. Dabei kann es sein, dass eine Scholle pro Tag bis zu 20 Kilometer mit dem Gezeitenstrom zurücklegt. Von der ähnlich aussehenden **Flunder** *Platichthys flesus* kann man sie sehr leicht unterscheiden, da die Scholle charakteristische orangefarbene Tüpfelchen auf dem gesamten Körper hat. Außerdem hat die Flunder in der Mitte ihrer Seitenlinie einige raue verknöcherte Schuppen, die man mit den Fingern gut ertasten kann. Wenn ein Tier orangefarbene Tüpfel und knöcherne Schuppen hat, hat man eine "Schollenflunder", d.h. einen Bastard vor sich. Zu diesen Bastardierungen kommt es immer wieder, da Schollen und Flundern häufig im gleichen Gebiet ablaichen. Die frisch geschlüpften Jungfische sehen zunächst aus wie ganz normale durchsichtige Jungfische, bis dann meist ihr linkes Auge damit beginnt, auf die andere Körperseite zu wandern. Mit einer Länge von etwa 14mm ist der kleine Plattfisch dann genau so geformt wie seine Eltern, nur ist er noch vollkommen durchsichtig. Schollen und Flundern laichen etwa von Januar bis Juni ab, so dass man Jungtiere mit etwas Glück bereits im Februar fangen kann. Etwa im Mai kann man dann im Watt bereits Jungfische von 4-6cm Größe fangen, mit entsprechenden feinen Futtermitteln lassen sie sich dann im Aquarium problemlos größer ziehen. Man sollte Schollen auf jeden Fall Sandgrund zum Eingraben anbieten. Auch die Haltung der Tiere auf verschiedenfarbigen Untergründen ist sehr reizvoll, weil die Tiere ihre Färbung dem jeweiligen Untergrund anpassen können. Leider lassen sich Schollenweibchen nicht ewig im Aquarium halten, denn ab einem gewissen Alter entwickeln sie Laichansatz. Aufgrund mangelnden Tiefendrucks können sie jedoch in den meisten Aquarien nicht richtig ablaichen, so dass sie nach Entwicklung des Laichansatzes früher oder später verenden. Daher täten öffentliche Aquarien der Natur ein gutes Werk, wenn sie solche Schollen wieder der Natur übergeben würden. Schollen lieben es, sich einzugraben oder mit nur wenig Sand bedeckt auf der Oberfläche des Grundes zu liegen oder umherzuhuschen. Manche Küstenbewohner fangen Schollen übrigens mit den bloßen Füßen, in dem sie bei Ebbe mit dem Fuß nach Plattfischen tasten und dann darauf treten. Dieses sogenannte "Butttreten" war früher ein beliebter Volkssport, wird aber heute mangels Plattfischen kaum noch praktiziert. Schollen sind auf jeden Fall ausgezeichnete Speisefische, die auch als Filet angeboten werden. Ihr Fleisch ist sehr jodhaltig, weil sie sich im Watt von den jodreichen **Sandgarnelen** *Crangon crangon* ernähren. Die Bestände der Scholle sind ständig durch Überfischung gefährdet, und so kann es vorkommen, dass man sie in manchen Jahren überhaupt nicht im Watt von Norddeich antreffen kann.

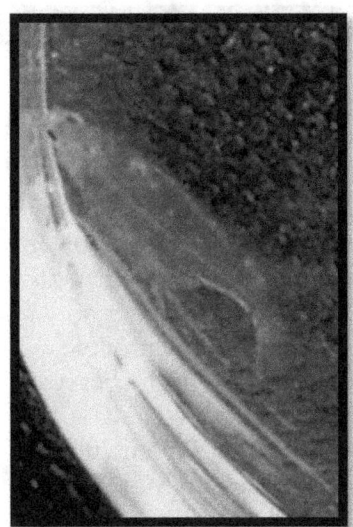 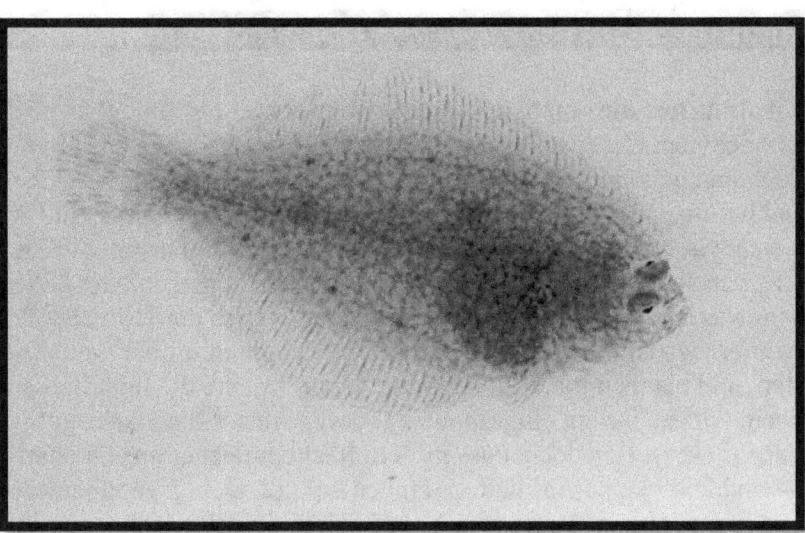

Scholle, 10 Millimeter lang und 30 Millimeter lang, mit Pigment.

Vorkommen in Norddeich: Am Badestrand, in den Prielen des Watts und im Hafen. Von April bis Oktober. Hier können meist zwei bis zehn Zentimeter lange Jungfische angetroffen werden, vorzugsweise bei Flut oder ablaufendem Wasser.

Aalmutter, *Zoarces viviparus* (Linnaeus, 1758)

Die **Aalmutter**, die von den Küstenbewohnern oft als "Putte" bezeichnet wird, ist ein häufiger Fisch, den man mit etwas Glück auch in der Gezeitenzone antreffen kann. Sie kann etwa 50cm lang werden und gehört zu den arktischen Arten, die von der Barents-See im Norden, um England und Irland herum, in der Nordsee, in der Ostsee und im Süden bis zum Ärmelkanal vorkommt. Dabei lebt sie zwischen Algenbeständen im Flachwasser und dringt hier in Tiefen bis zu 40 Meter vor. In den letzten Jahren scheinen die Bestände der Aalmutter in der südlichen Nordsee abgenommen zu haben, was bei einer arktisch orientierten Art wegen der Klimaerwärmung auch nicht weiter verwunderlich ist. Die Bestände verlagern sich dann immer weiter nach Norden oder in größere Tiefen und machen Platz für südliche Arten, welche die hinterlassene ökologische Nische besetzen können. Ob das für ein eingespieltes Ökosystem auf die Dauer gut ist, muss stark bezweifelt werden. Fakt ist es jedoch, dass mir ein Krabbenfischer aus Neuharlingersiel in den Jahren 2003, 2004 und 2005 keine Aalmuttern fangen konnte. Demgegenüber konnte ich jedoch im Mai 2013 einige Exemplare im Hafen von Norddeich mit einem Senknetz erbeuten. Leider verfüge ich zurzeit nicht über noch mehr aussagekräftige Daten zu diesem Sachverhalt, doch halte ich meine eigenen Erfahrungen für bedenklich. Sie zeigen, dass das Artengefüge in der Nordsee sehr schwankend geworden ist. Aalmuttern verdanken ihren Namen dem Umstand, dass man sich früher nicht erklären konnte, woher die jungen Aale kamen. Da die Aalmutter ein langgestrecktes Äußeres besitzt, wurde daraus schnell der Mythos von der Mutter der Aale erschaffen. Solche Ideen halten sich dann über Hunderte von Jahren und haben sich letztlich im Namen dieses Fisches verewigt. Aalmuttern sind mit den Aalen der **Familie** *Anguillidae* überhaupt nicht verwandt, sondern gehören in die eigene Familie der meist arktischen **Wolfsfische**, den *Zoarcidae*. Eine Besonderheit der Wolfsfische besteht darin, dass sie sich mit innerer Befruchtung paaren. Die Paarungen finden im August und im September statt, und die Weibchen sind etwa 4 Monate mit der Brut schwanger, bis diese dann im Winter lebend geboren wird. Dabei werden pro Brut etwa 30 bis 400 Jungtiere geboren, die zwischen 3 und 5cm lang sein können. Die Jungen sind vollständig entwickelt und gehen am Boden sofort zu einer selbständigen Lebensweise über. Aalmuttern sind im Aquarium nachzüchtbar und wurden von verschiedenen Institutionen bereits erfolgreich vermehrt, doch stellen sie ihren Jungtieren nach. Wenn man sie nicht von den Elterntieren trennt, hat man so gut wie keine Chance, überhaupt ein Jungtier aufzuziehen. Auch ich habe die Aalmutter bereits nachgezogen – allerdings zufällig und nicht beabsichtigt. Denn als ich nach dem Winter eine Hälterungsanlage auf meinem Balkon ausräumte, fand ich dort zwei Jungtiere von etwa 7 Zentimetern Länge vor, die auch bereits deutlich gewachsen waren. Ob sie ihre Geschwister verspeist haben, werde ich leider nie erfahren. Ansonsten sind Aalmuttern gut haltbar, aber scheu, da sie zu den nachtaktiven Arten gehören. Und auch gegen Krebstiere jeglicher Art können sie sich gut behaupten, denn findet man eine Aalmutter zusammen mit Strandkrabben in einer Reuse, so ist die Aalmutter niemals von den Krebsen angefressen, da sie sich offensichtlich erfolgreich verteidigen kann. Im Hafen von Norddeich ließen sich mit dem Senknetz Exemplare bis etwa 20 Zentimeter Körperlänge einfangen, die sich vor allem gut mit frischem Hering als Köder anlocken ließen.

Jungtier der Aalmutter, zehn Zentimeter lang.

Kopf einer adulten Aalmutter. Einen Schönheitswettbewerb würde diese „Mutter" wohl eher nicht gewinnen…

Vorkommen in Norddeich: Im Hafen. Von Mai bis November. Hier können meist zehn bis zwanzig Zentimeter lange Jungfische angetroffen werden.

Stint, *Osmerus esperlanus* Linnaeus, 1758

Der **Stint** ist ein kleiner Küstenfisch, der maximal 35 Zentimeter Länge erreichen kann. Er ist an Nord- und Ostsee weit verbreitet, und als Folge der letzten Eiszeit gibt es auch einige reine Süßwasserbestände in verschiedenen Seen. Frisch gefangene Stinte riechen nach frischer Gurke, was diese Fische unverwechselbar macht. Stinte können etwa 6 Jahre alt werden und werden im Meer etwa mit 3-4 Jahren geschlechtsreif, im Süßwasser bereits mit 1-2 Jahren. Stinte sind häufige anadrome Schwarmfische, die zum Ablaichen von März bis Mai in die Flussmündungen einwandern und hier auf sandigen und kiesigen Flächen ablaichen. Sie sind durch Gewässerregulierungsmaßnahmen des Menschen nicht oder kaum betroffen worden wie andere Wanderfische, weil sie eher in den Ästuarien als in den kleinen Zubringerflüssen ablaichen. Fast der gesamte Bauchraum des Stintweibchens ist voller Eier(= Rogen). Stintweibchen können bis zu 50.000 gelbliche Eier von etwa 0,6 - 0,9mm Durchmesser ablegen, aus denen nach 3-5 Wochen die Brut schlüpft. Stinte werden auch heute noch lokal befischt und werden vor Ort als Spezialität vermarktet. Nach einem strengen Winter kann es vorkommen, dass ihre Laichwanderung sich um einige Wochen nach hinten verschiebt, so dass die Fischer leer ausgehen. Stinte werden aber auch von den Krabbenfischern regelmäßig in geringen Zahlen als Beifang angelandet. Gelegentlich kommen Stinte auch in Häfen, in die sie auf der Jagd nach kleinen Hüpferlingen und Schwebegarnelen einwandern. Da sie nur diese kleinen Krebschen fressen, kann man sie auch kaum mit der Angel, dafür aber mit einer Ködersenke fangen. Am Norddeicher Badestrand gelang mir der Nachweis des Stintes bereits im Jahr 2012, wo ich ein Exemplar in der Nähe eines Buhnenkopfes auffand. Der Fang gelang im November bei milden Temperaturen. Das gefangene Exemplar schleimte im Netz sehr stark ab und man konnte sofort den markanten Geruch nach frischer Salatgurke wahrnehmen, noch bevor man den Fisch im Netz überhaupt sehen konnte.

Vorkommen in Norddeich: Am Badestrand im Herbst. Bei ablaufendem Wasser können vereinzelte Exemplare aufgefunden werden.

Quo vadis Nordsee? Oder: Wohin geht die Umweltentwicklung an unserer Küste?

Müll ist längst ein konstanter und integraler Bestandteil des Ökosystems Wattenmeer geworden. Die Folgen sind Plastikpartikel in den marinen Nahrungsketten und Seevögel, die ebenfalls am gefressenen Plastik verenden…

Warum habe ich mich in diesem Buch nicht mit den Seevögeln befasst? Nun, dafür gibt es mehrere Gründe. Zum einen fühlte ich mich für dieses besondere Gebiet nicht besonders kompetent, weil mein Hauptinteresse auf den aquatilen Lebewesen der Nordsee liegt. Zum anderen ist es so, dass Vögel eine relativ starke Lobby von Umweltschutzorganisationen haben, was auf die sonstigen Meeresbewohner offensichtlich nicht zutrifft. Ich vermute, dass dieses im Wesentlichen mit der menschlichen Wahrnehmung zusammenhängt. Einen toten Vogel am Strand nimmt man rein optisch eher wahr als Tiere, die unbemerkt vom Meeresboden verschwunden sind. Oder die in größeren Tiefen unbemerkt absterben und dort verrotten. Solche Umweltphänomene werden dann eigentlich nur noch von Fischern oder von Forschern bemerkt, die sich mit der Meeresfauna bestimmter Messpunkte in der Nordsee befassen. Dabei haben Forscher allerdings einen ganz anderen Blickwinkel als etwa ein Krabbenfischer. Und Forscher untersuchen außerdem meistens Arten, welche den meisten Menschen eher unbekannt sind, da diese oft nicht zu Speisezwecken gefangen werden. Die so untersuchten Arten nehmen allerdings häufig wichtige Schlüsselstellungen im Ökosystem der Nordsee ein und geben so Aufschluss über die aktuellen Zusammenhänge des Umweltgeschehens. Da ich nur teilweise über solche Quellen verfüge, konnte ich mich in diesem Werk im Wesentlichen nur auf meine eigenen Beobachtungen und aktuelle Recherchen im Internet stützen. Dabei muss man zugeben, dass Informationen, die jetzt relevant erscheinen, bereits morgen (d.h. kurz nach Erscheinen dieses Buches) überholt sein könnten. Hierfür bitte ich schon jetzt um Verständnis. Also sollten Sie entgegen meinen Beobachtungen am Strand von Norddeich Tiere sichten, welche ich als hier nicht existent eingestuft habe, so kann dieses auf verschiedenste Ursachen zurückzuführen sein. So können etwa Sturmfluten Tiere und Seetange aus tieferen Regionen in flachere Bereiche verdriften. Oder ein Krabbenkutter entsorgt nahe der Küste Teile seines Beifangs. Oder Umweltbedingungen haben sich plötzlich verändert. Oder, oder, oder. Ich hoffe jedoch, dass dieses Buch Ihnen Aufschluss über die Fauna der Region Norddeich geliefert und so zu einem besseren Verständnis des ganzen Komplexes beigetragen hat. Und ich hoffe sehr, dass es mir gelungen ist, einen Teil der Nordseetiere vielen naturinteressierten Menschen und vor allem unserer Jugend nahe zu bringen.

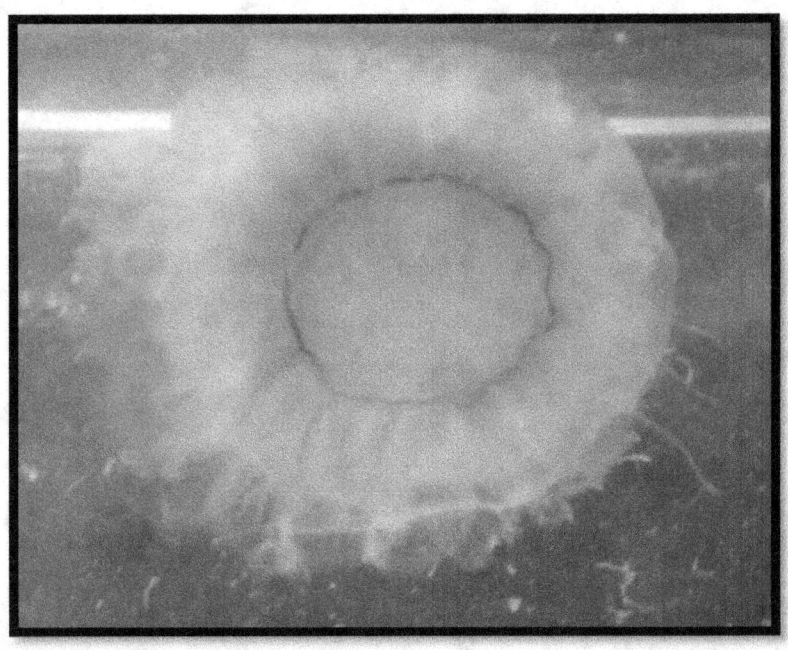

Sven Gehrmann, im Herbst 2018.

Empfehlenswerte Einrichtungen rund um die Themen Nordseetiere und Fischerei:

Atlanticum Bremerhaven, Forum Fischbahnhof, Schaufenster 6, 27572 Bremerhaven. Tel.: 0471-93233-0. E-Mail: Mail@forum-fishbahnhof.de; Domain: www.atlanticum.de.
Nationalpark-Haus Baltrum, Haus Nr. 177, 26579 Baltrum. Tel.: 04939-469. E-Mail: nlpe.baltrum@gmx.de.
Büsumer Meereswelten, Am Südstrand 9 A, 25761 Büsum. Inhaber: Gerhard Gebauer, Tel.: 0173-8625377. E-Mail: info@buesumer-meereswelten.de; Domain: www.buesumer-meereswelten.de.
Ostseestation Priwall, Priwallpromenade 29-31, 23570 Lübeck-Travemünde. Inhaber: Thorsten Walter GBR, Tel.: 04502-308705. E-Mail: info@ostseestation.de; Domain: WWW.Ostseestation-travemuende.de.
Aquarium Kiel, Düsternbrooker Weg 20, 24105 Kiel. Tel.: 0431-6001637. E-Mail: kontakt@aquarium-kiel.de; Domain: www.aquarium-kiel.de.
Sylt Aquarium, Gaadt 33, 25980 Westerland. Tel.: 04651-8362522. E-Mail: info@syltaquarium.de; Domain: www.syltaquarium.de.
Deutsches Museum für Meereskunde **und Fischerei, Ozeaneum**, Katharinenberg 14-20, 18439 Stralsund. Tel.: 03831-2650601. E-Mail: info@ozeaneum.de; Domain: www.ozeaneum.de
Multimar Wattforum Tönning, Am Robbenberg, 25832 Tönning, Tel.: 04861-9620-0. E-Mail: info@multimar-**wattforum**.de; Domain: www.multimar-wattforum.de.
Seehundstation Nationalparkhaus Norden-Norddeich, Dörper Weg 24, 26506 Norden Tel.: 04931 - 89 19; das daran angeschlossene **Waloseum** befindet sich im Osterlooger Weg in Norden. E-Mail: info@seehundstation-norddeich.de; Domain: seehundstation-norddeich.de
Niedersächsisches Landesmuseum Hannover, Willy-Brandt-Allee 5, 30169 Hannover. Tel.: 0511-9807686. E-Mail: info@nlm-h.niedersachsen.de; Domain: landesmuseum-hannover.niedersachsen.de
Zoo-Aquarium Berlin, Budapester Str. 32, 10787 Berlin. Tel.: 030-254010. E-Mail: info@zoo-berlin.de; Domain: www.aquarium-berlin.de
Zoologisch-Botanischer Garten **Wilhelma**, Neckartalstr. , 70376 Stuttgart. Tel.: 0711-5402-0. E-Mail: info@wilhelma.de; Domain: www.wilhelma.de
Ostsee-Informations-Zentrum, Ostsee Info-Centers Eckernförde, Jungfernstieg 110, D - 24340 Eckernförde; Tel.: 04351 - 726266, E-mail: info@ostseeinfocenter.de
Haus der Natur, Museumsplatz 5, A-5020 Salzburg. Domain: www.hausdernatur.at
Haus des Meeres Vivarium, Fritz-Grünbaum-Platz 1, 1060 Wien(Mariahilf). Domain: www.haus-des-meeres.at

Literatur- und Quellenverzeichnis

Internet:
http://www.habitas.org.uk/marinelife/index.html
http://www.imv.uit.no/crustikon/Decapoda/Decapoda2/Species_index.htm
http://www.seawater.no/fauna/index.htm
http://www.tauchschule-eckernfoerde.de/artliste.htm
http://www.tauchprojekt.de/index.htm
http://www.fishbase.org/search.php
http://archiv.korallenriff.de/einstieg_aquaristik_04.html
http://www.marinespecies.org
http://www.multimar-wattforum.de/
http://www.wikipedia.org/
http://www.wwf.de/themen/meere-kuesten/
http://cu-here.de/dic.php3
http://www.marubis.de/index.php?option=com_content&task=view&id=12&Itemid=26
http://www.glaucus.org.uk/Forum99.htm
http://zipcodezoo.com
http://www.marlin.ac.uk/species
http://www.vliz.be/Vmdcdata/macrobel/index.php
http://www.nordseefauna.org/indexx.htm
http://www.buesumer-meereswelten.de/html/impressum.html
http://www.riffaquaristik.at
http://www.greenpeace.de
http://umweltanalytik.com
http://www.echinoids.nl/Index/E.htm
http://www.marinespecies.org

Bücher:
Helmut **Debelius**: Krebsführer, Weltweit, I. Auflage 2000, ISBN 3-86132-504-7.
Helmut Debelius & Peter Wirtz, Jahr Top Spezial Verlag Hamburg, Niedere Tiere Mittelmeer & Atlantik, ISBN 3-86132-681-7
Wilhelm Eigener, Enzyklopädie der Tiere, Georg Westermann Verlag, 1979, ISBN 3-14-508000-8.
Koie, Christiansen, Weitemeyer, Der große Kosmos Strandführer, Franck Kosmos Verlags GmbH, 2001, ISBN 3-440-08576-7.
Andrew C. Campbell, Der Kosmos Strandführer, Franckh`sche Verlagshandlung W. Keller & Co., Stuttgart. ISBN 3-440-04355-X.
Werner de Haas & Fredy Knorr, Was lebt im Meer an Europas Küsten? Stückle Druck & Verlag, 77955 Ettenheim. ISBN: 3-275-01302-5.
Georg Quedens, Strand und Wattenmeer, BLV Verlagsgesellschaft,ISBN 3-4053805-1.
Klaus Janke & Bruno P. Kremer, Düne, Strand & Wattenmeer, Kosmos Verlags GmbH & Co., Stuttgart. ISBN: 3-440-09576-2.
Muus & Nielsen, Die Meeresfische Europas, Franck Kosmos Verlags GmbH & Co., Stuttgart. ISBN: 3-440-07804-3.

Jörgen Möller Christensen, Die Fische der Nordsee, Franckh'sche Verlagshandlung W. Keller & Co. Stuttgart. ISBN: 3-440-04458-0.
Peter Hunnam, Lebensraum Aquarium, Bechtermünz Verlag, ISBN: 3-86047-416-2.
Gerd Pucka, Lehrbuch der Tierpräparation, Venatus Verlags GmbH, ISBN 3-932848-24-1.
Alwyne Wheeler, Das Grosse Buch der Fische, Verlag Eugen Ulmer Stuttgart. ISBN: 3-8001-7029-9.
Ludwig Grieser, Meeresfrüchte, Falken Verlag. ISBN: 3-8068-0886-4.
R.H. De Bruyne, The Complete Encyclopedia of shells, 2003 Rebo International b.v., Lisse, The Netherlands, ISBN 9036615143
Rudolf Kilias, Lexikon Marine Muscheln und Schnecken, Verlag Eugen Ulmer, 1997, ISBN 3-8001-7332-8
Gert Lindner, Muscheln und Schnecken sammeln und bestimmen, blv München 2008, ISBN 978-3-8354-0374-1
R. Tucker Abbott, Ph.D., Seashells of the world, St. Martin's Press New York, ISBN 1-58238-148-8
S. Peter Dance, Muscheln und Schnecken, Urania-Ravensburger, 1998, ISBN: 3-332-00992-3
Jörgen Möller Christensen, Die Fische der Nordsee, Franckh'sche Verlagshandlung W. Keller & Co. Stuttgart. ISBN: 3-440-04458-0.
Peter Hunnam, Lebensraum Aquarium, Bechtermünz Verlag, ISBN: 3-86047-416-2.

Über den Autoren dieses Buches:

Sven Gehrmann, Jahrgang 1969, gebürtiger Berliner, der zurzeit in Norden bei Norddeich an der niedersäsischen Küste lebt, beschäftigte sich schon als Kind mit allem, was unter Wasser lebt. Dabei haben ihn besonders die Krebstiere und die Fische schon immer sehr interessiert und fasziniert. Seit 1983 ist er begeisterter Hobbyaquarianer und Naturfan unserer einheimischen Wassertiere, insbesondere der Nordseetiere. In seinem Keller bewahrt er eine Sammlung mit diversen konservierten Arten auf, so dass er bei jeder Kellerführung zu sagen pflegt: "So, andere haben also eine Leiche im Keller? Ich habe da ein paar mehr..."

Bisher veröffentlichte er diverse Artikel in aquaristischen Fachzeitschriften, wobei hier die Bandbreite von Nordseetieren bis hin zu Artikeln über Anemonenfische und diverse Krebstiere reichte.

Darüber hinaus erschienen diverse Fachbücher von ihm, wobei die „Fauna der Nordsee" zunächst als dreiteilige Buchreihe erschien, um hier mehr Details darstellen zu können. Das vorliegende Werk entnahm dieser Reihe einige Teile und schrieb sie speziell für die in Norddeich vorkommende Situation der Meeresfauna um. Dabei wurden auch einige artentechnische Ergänzungen miteingeflochten, und insbesondere die Problematik der Neozooen wurde mit diversen Newcomern dargestellt.

Im Internet findet man mehr unter:

WWW.NORDSEEFAUNA.ORG

Bei seinen Publikationen nimmt Sven Gehrmann grundsätzlich kein Blatt vor den Mund und nennt die Dinge beim Namen, da es ja offensichtlich sonst keiner tut. Dabei nimmt er keinerlei Rücksichten auf eine falsche Art der „political correctness", die hier überall erfolgreich installiert wurde, um den Schein des Anstands zu wahren. Auch bekennt er sich zu keiner politischen Partei oder Richtung zugehörig, sondern fühlt sich nur der Sache der Nordsee und ihrer interessanten Bewohner verpflichtet.

Aktuelle Fänge der Kutter aus Norddeich, die eine Klimaerwärmung eindeutig belegen:

Petermännchen, *Trachinus draco*, vom Kutter gefangen im Sommer 2013. Die Art hat Giftstacheln in Rückenflosse und Kiemendeckel!

Gestreifte Meerbarbe, *Mullus surmuletus*. Diese mediterranen Fische sollten eigentlich nur bis zum Ärmelkanal vorkommen, tummeln sich aber wegen der Erwärmung der Nordsee um mehr als 2° Celsius bereits in der Elbemündung. Diese beiden Exemplare wurden von den norddeicher Kuttern im Sommer 2014 gefangen. Da die Nordsee anhaltend warm blieb, wurde diese Art 2014 bis Ende Oktober(!) 2014 als Beifang mitangelandet. (Und 2017 bis November!).

Danksagungen:

Ich bedanke mich herzlich bei allen Freunden und Bekannten, die mir wertvolle Tipps für die Erstellung dieses kleinen Buches geliefert haben. Ein weiteres Dankeschön geht an das Team vom Multimar-Wattforum in Tönning, das mir viele Einblicke in die Unterwasserwelt der nördlichen Nordsee gewährte, an das Team vom Nationalparkhaus Baltrum, bei dem ich mich umfassend über die Fauna der südlichen Nordsee informieren konnte, und an die vielen Hobbyisten, mit denen ich im Laufe der letzten Jahre Erfahrungen und manchmal auch Tiere ausgetauscht habe. Auch bin ich Fischern, Nationalparkrangern, Mitarbeitern von Öffentlichen Einrichtungen und Aquarien(hier insbesondere dem Inhaber der Büsumer Meereswelten und den Mitarbeitern des Niedersächsischen Landesmuseums in Hannover), die mir immer wieder Einblick in das Handling mit den Tieren gewährten, dankbar. Ohne diesen reichhaltigen Informationsaustausch wäre dieses Buch in dieser Form nie zustande gekommen.

Sven Gehrmann, im Herbst 2018.

Bibliografische Information der Deutschen Nationalbibliothek:
Die Deutsche Nationalbibliothek verzeichnet diese Publikation in der Deutschen Nationalbibliografie; detaillierte bibliografische Daten sind im Internet über http://dnb.d-nb.de abrufbar.
Impressum: Die Meeresfauna von Norddeich(Ostfriesland)
Copyright: © 2018 Sven Gehrmann
Alle Rechte vorbehalten. Die Vervielfältigung, das Kopieren oder die sonstige Verwendung von Inhalten, Bildern oder Texten dieses Buches sind grundsätzlich nicht gestattet und bedürfen der schriftlichen Genehmigung durch den Autor. Gleiches gilt für die Darstellung im Internet oder in anderen Medien. Haftungsausschluss: Alle Informationen dieses Sachbuches wurden nach bestem Wissen und Gewissen recherchiert und bearbeitet. Für Personen-, Sach- oder Vermögensschäden wird keine Haftung übernommen. Sollten nach Erscheinen dieses Buches neuere wissenschaftliche Erkenntnisse die recherchierten Ergebnisse dieses Werkes überholen, bittet der Autor hierfür schon jetzt um Verständnis.
Herstellung und Verlag: Books on Demand GmbH, Norderstedt. ISBN 9783748118619